环境科学传播理论与实践

卢佳新　陈永梅　杨　勇　王明慧　著

中国环境出版集团·北京

图书在版编目（CIP）数据

环境科学传播理论与实践/卢佳新等著 . —北京：中国
环境出版集团，2019.11
ISBN 978-7-5111-4117-0

Ⅰ . ①环… Ⅱ . ①卢… Ⅲ . ①环境科学—传播学—
研究 Ⅳ . ①X②G206

中国版本图书馆 CIP 数据核字（2019）第 221196 号

出 版 人 武德凯
责任编辑 沈 建 董蓓蓓
责任校对 任 丽
封面设计 彭 杉

出版发行 中国环境出版集团
（100062 北京市东城区广渠门内大街 16 号）
网　　址：http：//www.cesp.com.cn
电子邮箱：bjgl@cesp.com.cn
联系电话：010-67112765（编辑管理部）
　　　　　010-67113412（第二分社）
发行热线：010-67125803，010-67113405（传真）
印　　刷 北京中科印刷有限公司
经　　销 各地新华书店
版　　次 2019 年 11 月第 1 版
印　　次 2019 年 11 月第 1 次印刷
开　　本 787×960　1/16
印　　张 11.5
字　　数 200 千字
定　　价 56.00 元

中国环境出版集团郑重承诺：
中国环境出版集团合作的印刷单位、材料单位均具有中国环境标志产品认证；
中国环境出版集团所有图书"禁塑"。

前　言

我国正处于工业化中后期和城镇化加速发展的阶段，结构型、复合型、压缩型污染逐渐显现，发展中不平衡、不协调、不可持续的问题依然突出，环境保护面临诸多严峻挑战。环保是发展问题，也是重大的民生问题。喝上干净的水、呼吸上新鲜的空气、吃上放心的食品、在优美宜居的环境中生产生活，已成为人民群众享受社会发展和环境民生的基本要求。由于公众获取环保知识的渠道相对单一，加之片面性知识和观点的传播，导致一些重大环境问题出现时往往伴随着公众对事实真相的疑惑甚至误解，引起了不必要的社会矛盾。这既反映出公众环保意识的提高，同时也对我国环保科普工作提出了更高要求。

当前，是我国深入贯彻落实习近平生态文明思想、全面建成小康社会、打赢污染防治攻坚战的重要战略机遇期。大力加强环保科普工作、提升公众科学素质、营造有利于环境保护的人文环境、增强公众获取和运用环境科技知识的能力、把保护环境的意识转化为自觉行动，是环境保护优化经济发展的必然要求，对推进生态文明建设、积极探索环保新道路、实现环境保护目标具有重要意义。

环保科普工作与环境保护工作同时期起步，进入 20 世纪后才开始快速发展。但是目前来看，各个层面对环保科普工作的需求和预期均在不断增加。相反地，在现实中，环保科普工作的理论研究一直落后于整体工作发展，一些基本的概念、论述均没有统一说法，尤其是一些基层工作者在接手和开展环保科普工作的时候，总是一头雾水；一些政策制定者由于缺少理论与实践的指导，也在政策制定时感到困难。为此，从 2010 年开始，环境保护部科技标准司连续支持中国环境科学学会、中国科普所、天津科普所、清华大学等单位系统开展了环保科普相关理论与实践研究，我们将相关研究成果系统梳理，将一些可能对环保科普工作者有参考和指导意义的内容进行整合，编写了本书。参与研究的核心人员和执笔者都较为年轻，理论水平有限，书中难免有疏漏之处，请同行批评指正。

习近平总书记多次强调科技工作包括创新科学技术和普及科学技术这两个相辅相成的重要方面，科技成果只有为全社会所掌握、所应用，才能发挥出推动社会发展进步的最大力量和最大效用。希望本书能引导更多的科技工作者参与到科普工作中来，大力普及科学技术知识，积极为提高全民科学素质做出贡献。

作　者

2019 年 10 月

目　录

第一章　基本概念

一、科普与科学传播

科普的概念，经历过三个阶段：科学技术普及（科普）、公众理解科学和科技传播。我国目前使用最多的一个概念是"科学技术普及"，常常简称为"科学普及""科普"。在不同社会发展时期，研究人员和学者给出了自己对科普的认识和定义，然而都不尽相同，因此在本研究中有必要对科普的概念进行梳理和探讨。

早期科学技术的传播活动，主要以科学工作者为主体。他们走出研究室和实验室，把自己的科研成果通过演讲、报告、撰写科技文章等形式，传播给千家万户。这种形式被称为科学技术普及，其重点强调单向性和应用（应急）性。

1983 年版的《科普创作概论》将"科普"概括为：把人类已经掌握的科学技术知识和技能（包括各门科学技术的概念、理论、技术、历史发展、最新成果、发展趋势及其作用、意义）以及先进的科学思想和科学方法，通过各种方式和途径，广泛地传播到社会的有关方面，为广大人民群众所了解，用以提高学识、增长才干、促进社会主义的物质文明和精神文明。它是现代社会中某些相当复杂的社会现象和认识过程的总的概括，是人们改造自然、造福社会的一种有意识、有目的的行动。这个定义带有明显的时代印记，但是其核心内容仍然值得我们参考，即点明了"科普"的复杂性、过程性、社会性和目的性。

《科技传播学引论》（1996）认为，"科普工作是一种促进科技传播的行为，它的受传者是广大公众，传播内容有三个层次，包括科学知识和实用技术、科学方法和过程、科学思想和观念。科普工作通过大众传媒、组织传播和人际传播引起科普对象（受众）

头脑中的内向传播，从而达到提高公众科学素养的效果。"

《科普学概论》（2002）认为，"科普是在一定的背景下，以促进公众智力开发和素质提高为使命，利用专门的普及载体和灵活多样的宣传、教育、服务形式，面向社会，面向公众，适时适需地传播科学精神、科学知识、科学思想和科学方法，实现科学的广泛扩散、转移和形式转化，从而取得预想的社会、经济、教育和科学文化效果的社会化的科学传播活动。"

公众理解的科学的概念主要是从美国等西方国家引进的概念，它可以说是科普的延伸和深化，但又有一定的区别。公众理解的科学注重公众本身在科学技术活动中的主动性，强调公众应为科学实践的主体。

近年来，"科学传播""科技传播"较为频繁地被提出以代替"科普"，且学者们普遍认为上述概念比"科普"的内涵更加丰富，更能适应时代需要。北京理工大学翟杰全教授 1998 年将"科技传播"定义为科技知识信息通过跨越时空的扩散而使不同的个体间实现知识共享的过程，并将科技传播分为专业交流、科技教育和科技普及三个方面。上海交通大学江晓原教授在《论科普概念之拓展》中提到，传统的科普概念继续沿用于今日，已经很不适应，应改为"科学文化传播"。他认为如果科学普及主要是关注科学知识的话，那么我们所提倡的科学文化传播则更强调科学精神的传播。北京大学吴国盛教授认为"科学传播"是科学普及的一个新的形态，是公众理解科学运动的一个扩展和继续，更能体现知识传播的双向互动性，降低了科普提法的目的性，同时体现了科学与人文交互融合的过程。华东理工大学黄时进副教授在 2010 年出版的《科学传播导论》中将"科学传播"定义为"科学共同体和公众通过平等与互动的沟通，通过各种有效的媒介，将人类在认识自然和社会实践中所产生的科学、技术及相关的文化知识在包括科学家在内的社会全体成员中传播与扩散，引发人们对科学的兴趣和理解，来倡导科学方法、传播科学思想、弘扬科学精神，并促进民主理念的启蒙。"

二、环保科普

环保科普在国际上没有对应的提法，目前纯属于我国的一个特定说法。在环保领域更多的研究成果集中在"环境教育"方面。从内容上看，环境教育更加注重正规教育领域，即在学校教学体系中开展环境相关课程及实践教育，环保科普则着眼于全社会的教育，既关注教学体制内的科学教育，更关注"毕业后"的终身性社会教育。从对象上看，环境教育的对象是学生，环保科普的对象则为全体公民。从实施渠道来看，环境教育的主要渠道为学校教学、课本学习、实践学习等，环保科普的渠道则包罗万象、兼容并收，所有的教育、展览、学习等信息传播渠道均可作为传播渠道。

科普工作如果从学科的角度划分，科普包括力学科普、化学科普、气象科普等内容，环境科学作为一个重要的学科分支，环境科学领域的科普可以理解为环保科普，但是单从学科的角度来理解，其科普内容的局限性较大，仅仅局限在学科内的领域。

从政府职能部门科技工作的角度来理解，环保科普是环保部门科技工作的重要组成部分。习近平总书记在"科技三会"①上提出，科技创新、科学普及是实现创新发展的两翼，要把科学普及放在与科技创新同等重要的位置，使蕴藏在亿万人民中间的创新智慧充分释放、创新力量充分涌流。环保部门的科技工作一方面是促进环境科学技术的创新和发展，另一方面就是普及环境科学知识与技术，也就是我们常说的环保科普工作。

环保科普的基本特征和基本功能是传播者使用适当的技能、方法、工具和媒介以及各类传播活动，促进环境科学知识、技术、精神、方法、思想等在全社会范围的广泛扩散，实现个人、群体和社会组织对科学知识等的分享，实现公众环境科学素质的增长、保护环境实践能力的提升。

环保科普具有以下几个重要的特点：

（1）目的性明确。环保科普的对象包括公众个人、特定群体及社会组织，强调其知识转化为行为的结果。激发兴趣、学习掌握知识、体验参与科学任务、提升意识，这些都是环保科普的中间过程（目的），其根本目的为环境保护行为的养成。

（2）时效性明显。环保科普没有教学大纲和教材编制周期的限制，可以在总的精神指导下，根据时事需求，随时对特定的、有特点的、最新的科技动态进行传播。

（3）科普内容具有广泛性。环保科普传播的内容包括了环境保护、生态发展、循环经济等整个环境学科内容的方方面面，涵盖了人民生产、生活的全部环境保护内容，有利于环境科学知识的传播与发展。

（4）环保科普的内容具有"主动排斥性"。不可否认，环保科普的内容从人类生存、国家发展的角度来看，全都具有明显的有利因素。但是从个体、企业等社会基本元素的

---

① 指全国科技创新大会、两院院士大会、中国科协第九次全国代表大会。

角度来看，环保科普的内容都是具有"主动排斥性"的，因为所传递的知识本身有相当的难度，容易被理解，但是不容易被接受，如同社会道德、规范的建设，大家都知道过马路要走斑马线，却很少有人认真地去践行，即便出现了危险，也奋不顾身。这是因为"生活习惯""利己因素"等对于环保科普的内容有着根深蒂固的"主动排斥性"。

当前，随着机构改革的推进，环境保护部更名为生态环境部，环境保护的工作领域更加宽泛，环保科普也正逐渐转向生态环境科普。

三、环境科学素质

（一）素质

素质的含义有狭义和广义之分。狭义的"素质"是经典的生理学、心理学概念，即"遗传素质"。如《心理学大词典》中将"素质"解释为："有机体天生具有的某些解剖和生理特性，主要是指神经系统、脑的特性，以及感官和运动器官的特性，是能力发展的自然前提和基础。例如，有的人听力发育得较好，可以认为其音乐素质较好。"《中国大百科全书·心理卷》中提出："素质是能力的自然前提，人的神经系统以及感觉器官、运动器官的生理结构和功能特点，特别是脑的微观特点，与能力的形成和发展有密切的关系。"《现代汉语词典》（第 5 版）中对"素质"的解释是：①指事物的本来性质；②素养；③在心理学上指人的神经系统和感觉器官上的先天的特点。现代汉语中"素质"一词的含义包括了先天生理特征和后天养成的品质。《辞海》（1999 年版）对"素质"的解释为：①人或事物在某些方面的本领特点和原有基础；②人们在实践中增长的修养，如政治素质、文化素质；③在心理学上指人的先天的解剖生理特点，主要是感觉器官和神经系统方面的特点，是人的心理发展的生理条件，但不能决定人的心理内容和发展水平。

由此可见，"素质"的基本概念综合了人与生俱来的生理属性和后天养成的基本品质，是指人所具有的维持生存、促进发展的基本要素，它是以人的先天禀赋为基础，在后天环境和教育的影响下形成并发展起来的内在的、相对稳定的身心组织结构及其质量水平。

（二）科学素质

我国各类文献中论及的"科学素质"和"科学素养"，从概念的内涵与外延看，皆源于英文 scientific literacy，即对于 scientific literacy 一词存在"科学素质"和"科学素养"两种中文译法。中国科协书记处书记程东红撰文《关于科学素质概念的几点讨论》中专门围绕两种提法从词源、内涵等角度进行了比较，认为如果不考虑心理学上的特指，"科学素质"和"科学素养"作为 scientific literacy 的汉译可以互换。

目前，国内外对于"科学素质"的研究，大多遵循着"对科学素质内涵的分析"和"对'具备科学素质的目标'的描述"这两条路径进行阐释，然而至今还没有人对"科学素质"这一核心概念给出简洁而清晰的定义。

从"科学素质"定义的核心人群来看，可以大体分为两个类型：一种类型是专门面向青少年的科学素质培养方案，如美国"2061 计划"、《美国国家科学教育标准》《2001—2005 年中国青少年科学技术普及活动指导纲要》等。这些方案从学校正规教育的角度出发，更多地关注系统的科学知识的传授，并同时重视对科学的本质、过程和方法的理解，以及科学精神和科学态度的培养。另一种类型是面向广大公众的科学素质培养方案，如美国"米勒体系"、印度的"国家科学素质行动计划"、我国的"全民科学素质行动计划"。这些方案从非正规教育的角度出发，更多地关注公众对日常科学信息和知识、科学方法以及科学与社会关系的理解，并涉及公众对科技的支持、对科技政策相关活动的参与等。

从国内外对"科学素质"定义的内容来看，可以主要概括为四个观点：①实用的观点。人们需要对科学技术有一定程度的了解，以适应在科学技术起重要作用的社会中的日常生活。②民主的观点。在民主社会中，公众有权利参加公共政策和科学技术决策过程，因此公众需要对科学技术达到某种程度的理解并具备一定程度的科学素质，以便能够了解各种科学技术议题，并能够参与讨论和决策过程。③文化的观点。科学是人类文化遗产中的一部分，并对我们的世界观具有深刻的影响，因此只有对科学技术达到基本的了解程度才能对文化有所了解。此外，了解我们这个世界中的各种客观事物和自然现象对每一个人来说都是一种愉悦和好奇心的满足。④经济的观点。对于大多数国家来说，具备科学素质的劳动力对于国家经济的健康发展和繁荣具有重要意义。

从不同国家、社会组织的研究群体对"科学素质"的研究重点看，充分体现了不同群体的利益需求和关注点。例如，鲁迪格把研究利益群体分为四类：第一组研究群是"科学教育团体"。构成这一群体的主要成员是科学课程开发组和专业科学教育协会，他们主要关注与正规教育相关的科学素养。例如，作为科学教育目标的科学素养应该包括哪些方面、教授科学的意义、教师的科学素养、学生的科学素养问题以及在教学中如何测量作为科学教育目标的科学素养的实现程度等问题，关键是如何促进学生科学素养的形成。第二组研究群包括社会科学家和关注公众对科技政策问题的看法的研究人员。他们关心的是公众的科学素养，如公众对科技政策普遍支持的程度以及公众参与科技决策的程度。第三组利益群体是科学社会学家和运用社会学方法研究科学素养的科学教师。这些人员关心的是科学权威的建构以及科学素养在人们日常生活中所起的重要作用。第四组研究团体是正式和非正式科学教育团体和参与普及科学交流的团体和人员，主要致力于科学传播和科学普及，关心公众获得科学信息的素养。

从不同研究者对"科学素质"的描述和评价内容来看，主要包括两个核心内容：一是知识，二是能力。例如，经济合作与发展组织认为，科学素质是运用科学知识确定问题和做出具有证据的结论，以便对自然世界和通过人类活动对自然世界的改变进行理解和做出决定的能力。"国际学生科学素质测试大纲"中，科学素质的测试包括三个方面：科学基本观念、科学实践过程、科学场景，在测试范围上由科学知识、科学研究的过程和科学对社会的作用三个方面组成。米勒认为："科学素质包括：一是掌握一定量的基本科学观点方面的词汇，能够阅读报纸和杂志中相互竞争的观点；二是对科学探究的过程和本质有一定的理解；三是对科学和技术对个人和社会的影响有一定的理解。"《面向全体的美国人》将公民科学素质定义为：包括数学、技术、自然科学和社会科学等许多方面，同时还应该能够运用科学知识和思维方法处理个人和社会问题。

在我国，对科学素质的认识过程漫长，经历了初步了解—大范围讨论—开展学术研究—在公民科学素质调查测评工作中实践和不断完善、提升的过程。2002年，国务院颁布实施的《中华人民共和国科学技术普及法》中明确指出：应提高公民的科学文化素质。现阶段，我国从以解决温饱问题为主要目标的生存型社会步入以促进人的全面发展为主要目标的发展型社会，需要改变发展理念，树立以人为本的科学发展观，促进社会和谐发展，其重要途径之一就是促进公民科学素质的提升。

2006年，国务院制定并实施《全民科学素质行动计划纲要（2006—2010—2020）》（以下简称《科学素质纲要》）。其中将公民科学素质定义如下："公民科学素质是国民素质的重要组成部分，是指公民了解必要的科学技术知识，掌握基本的科学方法，具有科学思想，崇尚科学精神，以及应用它们来处理生存与发展问题、生活与工作问题，以及参与公共事务问题的能力。"这个定义是面向全体中国公民、基于国家经济社会的长远发展而提出的，囊括了正规教育与非正规教育的全部内容，不仅规定了科学素质的知识内容，还指出科学素质是包括应用作为整体的科学（知识、方法、思想和精神）解决与公民密切相关的实际问题——生存与发展问题、生活与工作问题以及参与公共事务问题——的能力，并强调了科学素质的"解决问题"导向。这符合公民对科学素质的分层次需求，同时，也符合科学发展观，有利于促进社会全面、协调和可持续的发展。

（三）环境科学素质

环境科学素质是指公民在环境方面具有一定的科学知识和方法，并在科学精神和价值观的指导下，通过理性分析、科学判断所形成的科学的环境保护意识和态度、行为能力和行为践行水平的综合反映。

公民的环境科学素质包括知识和应用两个层面，即要掌握必要的环境科学领域的技术知识，理解环境科学领域的研究方法、过程，了解其学科本身蕴含的科学思想和科学精神，同时还要能够正确运用科学知识、观念面对社会有关争论，解决公民自身的生存与发展、工作与生活中的问题，具备参与环境保护公共事务的科学能力。

理论上，一个具备较高环境科学素质的公民应该是掌握了必需的环境科学知识和方法，崇尚并具备了基本的科学精神和科学思想，面对现实与未来的环境问题，均能够在科学精神和科学思想的指导下，运用掌握的环境科学知识和方法，以及可查询的科学证据与信息，进行综合的、理性的分析和判断，给出现实环境中的最优行为选择倾向，并在此过程中，逐步形成较为理性的环境保护理念、态度和一定的环保行为能力，而且能够在较为复杂的社会环境中，始终坚持选择，积极践行。

1. 环境科学素质的内涵

环境科学素质是一个崭新的概念，不是简单的环境素质、环境意识等概念，也不是仅仅在科学素质定义的基础上，加上一个环境保护领域的限定范围。

首先，环境科学素质确立了"科学性"在环境科学素质形成过程中的基础性地位，强调在学习和掌握环境保护领域的科学知识和方法的基础上，同时要具备科学精神和思想，并在科学精神和思想的指导下，综合运用科学知识和方法，对实际面对的环境保护问题进行理性分析和科学判断，并通过这个分析和判断的过程，内化形成个人的、系统的、科学的环境保护意识和态度，以及与个人行为能力水平相平衡的解决环境问题的能力和付诸实践的行为预期。"科学性"将伴随整个环境科学素质的养成过程和实践过程，它既是环境科学素质养成的基础，也是环境科学素质能够产生社会效益的保障。

其次，环境科学素质强调了"意识"是在科学分析、判断过程中内化、升华而形成。环境科学素质定义中的"意识"与简单的、朴素的初级环境保护意识有着明显区别。简单的、朴素的环境保护意识是没有科学知识基础的，它可以来源于社会舆论宣传的口号，来源于人类潜意识对美好资源环境的向往，来源于生产、生活中个人利益的驱使，或者是个人的生活习惯与风俗等，例如，人们对青山绿水自然美景的喜爱和保护，对个人生活空间的爱护以及由此产生的废物管理和处置习惯，由于生存地区资源限制或经济原因导致的对资源的节约意识等，这些"意识"的形成没有经过科学分析、判断和升华的过程。这种朴素的意识往往在面对某一特定的问题或某一领域的具体问题时显现明显。因此，在将这种意识独立于理论基础和形成过程之外作为评价个人和社会整体意识水平的测量尺度时，往往会给出一个全社会"环境意识较高"的假象，这种"较高的环境意识"在没有科学知识支撑的情况下，缺少了"意识"向"行为能力"转化的原动力，从现实意义的角度来说，这种朴素的初级环境保护意识对于整体环境问题的解决而言是"心有余而力不足"的。

而环境科学素质中的"意识"，是一种科学的意识，是经过科学的洗礼后，内化而升华的环境保护意识。相比于朴素环境意识它具备了三种特点：一是环境科学素质中所指的环境保护意识脱胎于个人的学习、分析和实践过程，具有良好的科学理论和实践基础，具备了情况判断和指导行为的能力；二是环境科学素质中的环境保护意识是动态的、广义的，不限定于某一领域，或者某一具体环境问题，这种意识在不同的领域，面对不同的环境问题时均可以重复显现并发挥作用；三是环境科学素质中的环境保护意识形成的同时，将伴随着行为能力的生成，意识与行为能力相伴相生。这个特质极大地提升了科学的环境保护意识的现实指导意义。

最后，将"行为践行水平"作为环境科学素质的核心落脚点。国外公民科学素质水平的核心落脚点是"对科学的理解和支持"，我国公民科学素质的落脚点是"行为能力"，环境素质的核心落脚点是"正确的环境行为"，环境意识的落脚点是"对环境问题的解决能力"。上述观点都是基于"意识决定行为"的理论基础，认为"有意识+有行为能力=有行动"。这个观点在大多数社会行为领域都是成立的，但是在环境保护行为的实践中，"有意识+有行为能力"的简单组合距离"有行动"不仅不能画等号，而且存在着非常多的不确定性。从科学的环境保护意识到行为的实践要受到成本因素和其他自然、人为环境保护行为实践率的影响。因为个体在选择是否践行环境保护行为时，不仅仅要考虑各种成本因素（如经济成本、个人舒适度等），很大程度上还要考虑他人不采取环境保护行为对自身采取环境保护行为产生的损失和抵消作用，进而可能选择个人利益最大化而不践行环境保护行为，从而导致全社会都不践行环境保护行为的困境，这种结果使仅仅关注于"有意识+有行为能力"的环境科学素质不再具有现实意义。例如，公众具有节约用水的意识，也具备节约用水的行为能力，但是仍然存在很多公众在一些公共场所（如公共厕所、宾馆）或家庭生活中（如过度洗澡、洗衣等）浪费水资源的行为。又如近年在我国形成的垃圾焚烧、PX项目的建设过程中公众的不支持行为，对于这种"有意识+有行为能力"的组合，社会调查的结果分值很高，但是这种"虚高"的意识和行为能力，对于环境的改善是完全没有现实意义的。因此，本书将"行为能力和行为践行水平"纳入环境科学素质的概念中，而不是将践行水平作为环境科学素质的外在表象来研究。这种环境行为的实践，是在科学意识和行为能力的支撑下，克服了其他社会因素的影响和阻碍而发生的纯粹的环境保护行为。

2. 环境科学素质的三维理论模型

环境科学素质包含环境保护科学知识和方法、环保意识和态度、行为能力和践行水平三个维度。

（1）环境保护科学知识和方法，是指对环境科学技术术语和概念的基本了解，对环境科学技术研究过程和分析方法的基本了解。知识层面要求理解与环境保护相关的自然科学领域和社会科学领域的基本术语和概念，了解环境保护技术领域的通用技术名词和术语；方法层面要求能够了解环境科学研究的过程，了解常用环境保护技术方法，了解环境科学证据与结论的关系，掌握基本的环境科学分析方法。

（2）环保意识和态度，是指对环境保护的情感态度与价值观，是环境行为转化的原动力。本书所指的意识和态度，是具备科学思想和科学精神的意识和态度，而非简单的原始朴素意识和态度，要求公众具备正确的环境保护观念，科学认识环境与发展的关系，客观理性看待环境问题，理解和支持环境保护工作，并能够清醒认识到个人在环境保护中的责任、权利和义务。

（3）行为能力和践行水平，是指基于对科学、技术与社会相互关系的了解，能够对环境事务做出客观判断、理性处理以及正确践行的能力。行为能力包括学习查阅能力、理性分析和判断能力、对生态环境的适应和改造能力、个人行为的约束能力、公共事务的参与能力以及对社会消极因素的抗拒能力；践行水平包括个人环保行为的实践与持久性、在社会公共事务中环保行为的实践和持久性，强调自觉去践行。

3．公民环境科学素质的层次结构分析

研究者们对科学素质的层次结构有两种代表性的观点：一种认为可以从"有、无"来判定，类似于文盲和脱盲，一个人或者具备科学素质或者不具备科学素质，这两种状态之间可以有一个明显的划分界限。另外一种观点是通过科学素质的高低来衡量和划分层次，认为科学素质不是简单的"有或无"的关系，而是"高或低"的关系，可以根据高低水平划分不同的层次结构。

笔者认为，仅仅通过简单的"有或无"来衡量环境科学素质，或者通过"高或低"的标尺来描述环境科学素质，不能够真实地反映公民的环境科学素质水平。因为环境科学素质是一个综合素质，是个人多方面素质、意识态度以及行为的综合反映，笔者认为，环境科学素质用"处于不同的状态"来定义更加合适。按照三维结构模型，公众的环境科学素质水平可分为如下状态，见表 1-1。

表 1-1　公民环境科学素质水平层次结构

序号	测量维度			是否有环境科学素质	环境科学素质状态高低	人群状态	层次高低
	知识和方法	意识与态度	行为能力和践行水平				
1	无	无	无	无	启蒙状态		低
2	无	有	无	有	朴素的环保意识	朴素的环保意识状态（P1）	
3	无	无	有		本能环保行为	朴素的环保行为状态（P2）	
4	无	有	有		朴素的环保行为		
5	有	无	无		不存在		
6	有	有	无		科学的环保意识	科学的环保意识状态（P3）	
7	有	无	有		不存在		
8	有	有	有		科学的环保行为	科学的环保行为状态（P4）	高

如表 1-1 所示，三维结构维度的排列组合共计得到了 8 种结果，其中三维结构内容均为"无"的情况，可以视为完全没有环境科学素质的状态，是一种"启蒙状态"，从

目前社会环境与调查结果来看，这种人群数量非常少，不具有代表性和研究价值；第二种到第八种组合的结果，都可视为"有环境科学素质"，根据每个维度的具体情况，还可以进一步划分为 7 种结果。其中第五种和第七种结果是一种理论模型下产生的结果，现实情况中基本不存在这种情况，我们很难理解和解释为什么会有环境科学知识和方法都合格的人，没有一点环境保护的意识态度和行为能力，也不能解释掌握一定的环境科学知识和方法，同时也具备行为能力并进行了有效实践的人，会没有正确的环境意识和态度。因此这两种组合结果也没有研究和分析的必要。第三种和第四种组合结果，我们可以命名为"本能的环保行为"和"朴素的环保行为"，这两种行为都缺少科学性指引，因此可将这两类人群合并为"朴素的环保行为状态"来研究。下面，将详细对四个典型状态人群进行分析：

（1）朴素的环保意识状态

就个体而言，目前大多数公众都处于这个状态。他们可以结合自身的感受和从媒体、社会宣传得到的零散（甚至缺乏科学依据的极端环保理念）信息，形成目的性简单（以对自身有益为主）的环保意识和态度。这类人群很容易在各类调查、访谈中表现出对生态环境的高度关注与关心，对环保事业发展的支持与理解，但是在具体怎么参与、如何参与和具体问题的解决中，尤其是面临自身利益的时候，则出现困惑甚至非常矛盾的选择。例如，生活垃圾的处理，公众都会表现出支持生活垃圾的分类和无害处理，但是当要在自家附近建立焚烧厂或填埋场时，则表现出极度的反对和不理解。社会上称之为"邻避运动"，其实这是朴素的环境保护意识，是遇到涉及自身利益的环境保护问题后，非理性意识被迅速放大和极端化的表现。这种意识水平掺杂上其他社会因素，如政府公信力、社会阴谋论，以及缺少科学依据的舆论引导时，会迅速地演变为行为人自以为"科学、合理、正确"的社会行为。比如垃圾焚烧厂的建立，只要有极少数人随便抛出一个"焚烧有害"的所谓科学结论，就会迅速地将公众的朴素环保意识唤醒、扩大，演变为缺少理性的公共社会事件。这说明缺少科学知识支撑的朴素环境意识，某种程度上是在增加环境保护工作的难度。在缺少科学知识支撑的环保意识面前，公众通常无法对自身的行为进行科学判断，很容易被误导并相信错误的信息（心理学上都是倾向于向更坏方向发展的，也就是"宁可信其有，不可信其无"的观念），这时的科学证据、论断和专家的科学解读，均会被强大的公众集体意识绑架，进而被羸弱的社会公信力等社会因素削弱得毫无说服力了。因此，这类人群最需要加快开展素质提升，提高其知识水平，以期形成科学的环保意识和态度。

（2）朴素的环保行为状态

处于这个状态的公众基于道德约束、社会规范等原因形成了浅层次的环境保护行为。这种环境保护行为以个人行为为主，是一种无意识、无科学基础、未经过深度思考和选择而发生的行为（从众的行为）。主要包括两类具有明显特征的人群，一类是生产者，以个体生产者为主，他们出于利益需求，如高附加值、高利益的环境产品的生产与流通，促使他们选择了有利于环境保护的行为。另一类是以追求时尚为主的消费群体，他们在概念炒作的指引下，以追求时尚、高端生活为主要导向，选择有机食品，选择有环保理念的时尚产品。这个群体的行为虽然不是出于保护环境的目的，但是其现实结果在一定程度上对改善环境有益，并在一定程度上促进了整体社会环境行为的养成，形成了一个良好的环境行为践行氛围。尤其是一些环境意见领袖的环境行为的选择，他们在毫无科学理念支持的前提下，通过个人的号召，带领某个村或者社区的一部分人，按照意见领袖的思想，直接开展了环保行为的践行，取得了非常好的效果，这种行为虽然不能对全社会产生真正的影响，但是它对促进社会的环境行为的养成、科学的环境意识的形成，是有一定程度的促进作用的。

（3）科学的环境意识状态

这个状态的公众基于科学知识、方法的学习和了解，经由个人思考、分析、判断、选择，内化而形成对环境保护的正确认识，是具有科学的环保意识和态度的群体，以精英阶层和知识分子群体为主。这类群体人员数量不够庞大，基于个人素质的综合修养，形成了较为科学的环境保护意识和态度，或者具备较高的科学知识储备，潜意识中形成了较为科学和完善的环境保护理念。这类人群可能出于各种个人的、社会的因素干扰，使他们仅仅停留在高意识（或者高意识的形成状态），他们喜欢坐而论道，却很少起而行之。或者刚刚打算起而行之，又觉得自身力量过于渺小，又继续坐而论道。这类人群缺少一个"起而行之"的社会氛围。只要时机成熟，就可以迅速成为环境保护的实践者和中坚力量。这类人群，如果遇到第一类人群，会很愿意向他们传道授业解惑，但是却不会引领大家一起践行。如果他们遇到第二类人群，会在意识的感召下，迅速地加入第二类人群的行列中，并帮助第二类人群提升行为的科学性，一边传道授业解惑，一边进行具体实践。

（4）科学的环保行为状态

这个状态的公众是真正具备环境科学素质的人群。基于科学知识、方法的学习和了解，经由个人思考、分析、判断、选择，形成对复杂环境问题的理性分析和科学判断，能够给出正确的行为选择，并能够排除感情、习惯、经济等因素干扰，付诸实践。这种状态是个人环境科学素质的最高状态。

（四）环境科学素质与科学素质的关系

从传统的认识来看，"环境科学素质"应该是"科学素质"的下位概念，是人的科学素质的一部分。公众的科学素质包括了各个领域和学科的内容，是一个综合的科学素质总和，环境科学相关的素质仅仅是其中的一个分支。但是环境科学素质相对于科学素质来讲，具备了很多的特殊性。可以从以下几个方面来分析二者的联系和区别：

二者的共同点主要体现在：①素质提升的根本目的都是服务于国家的发展与建设；②都强调"科学"知识的基础性；③都强调科学思想和科学精神的灵魂性与导向性；④落脚点都是"行为能力"，强调了学以致用和知行合一；⑤提升的途径都是以科学知识的传播与普及为主。

二者的区别主要体现在：①环境科学素质提升带来的社会、经济效益需要从长远、宏观的角度理解。因为多数的环境友好行为短期很少给个体带来直接、可感受的良性效益，往往还会给个体带来负面影响和短期不适感。②从行为学的角度来看，环境科学素质相对于科学素质来说可以打破年龄限制，即具备环境科学素质的行为不一定与年龄层次完全相关。③环境科学素质的提升更加强调同步性。因为环境问题的产生和影响都不是区域性和阶段性的，其问题的改变，更加需要协同一致的努力才能够逐步产生效果。④环境科学素质的提升更加强调"知行合一"。基于环境科学行为的践行具有"非自发性"，个体行为效果很容易被忽视，因此相对于科学素质的要求，环境科学素质更加强调"知行合一"。⑤环境科学素质的公众参与性明显低于科学素质。⑥环境科学素质的公众需求具有区域性、临时性，缺少必须性和日常性。只有在环境问题出现的时间和地区，公众才会激发对环境保护知识的需求，才会意识到环境科学素质的重要性。

四、环境科学素质提升的技术体系

环境科学素质提升包括了四个技术体系：重点人群素质提升指导体系、政策指导体系、环境科学传播能力支撑体系和环境科学传播能力评估体系（图 1-1）。

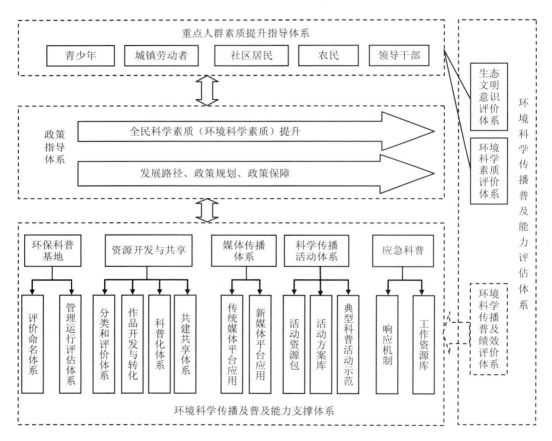

图 1-1　环境科学素质提升的技术体系

提升青少年、社区居民、城镇劳动者、农民、领导干部和公务员的环境科学素质是我们的主要目标，制定各类人群的素质提升指导大纲为素质提升提供了方法和路径指引；发展规划等政策体系为各项科普工作的开展、为重点人群的科普素质提升提供了顶层设计和细化方案。重点人群素质提升指导体系和政策指导体系是环保科普工作的顶层设计部分。

环境科学传播及普及能力支撑体系是在政策体系的下一个层面，包括基础设施、资源、活动、传媒方面，为人的素质提升提供了具体的技术支撑，包括提供学习、活动场地的环保科普基地建设、提供工作开展所需科普资源的开发与共享体系、为信息传播提供强大助推作用的媒体传播体系、为科普工作注入活力的科普活动体系以及针对应急突发事件开展工作的应急科普工作体系，这些板块内容的有机融合，为实现顶层设计目标提供了现实可行的路径和技术支撑。

针对公众环境科学素质的测评体系和针对政府的科普能力测评体系，能够更好地反映工作成效，并对存在的问题做出科学反馈，是前两个体系有效运作、避免盲目投入的重要风向标和反馈通道。通过这样一个指导体系、政策体系、支撑体系和测评体系相互作用的模式，以螺旋上升的方式，逐步提升公众的环境科学素质。

本书将着重介绍重点人群素质提升指导体系、环境科学传播能力支撑体系和环境科学传播能力评估体系的相关内容。

五、提升公民环境科学素质与环保科学传播与普及的关系

提升公民环境科学素质是环保科普的目标。从全面提升公众的环境科学素质的紧迫性出发，应当在强化各项环保工作的同时，着力加强环保科普工作，真正实现使公众从被动接收环保知识到主动参与保护环境，再到自觉运用环保科技知识保护环境的转变。

公民环境科学素质的提升主要有两个渠道，一是学校教育，二是社会教育。学校教育即环境教育，目前国内外的环境教育多数处于研究阶段，国内的环境教育推进仍然缓慢，虽然原环境保护部、中宣部、教育部印发了《关于做好新形势下环境宣传教育工作的意见》等一系列文件，且从整个国家层面来看，环境教育的开展仍然处于起步阶段，不能适应公民环境科学素质的需要。地方政府，以宁夏回族自治区为代表，率先推动了《宁夏回族自治区环境教育条例》的出台，该条例曾经是国内环境教育领域的破冰之旅。但是目前我国学校教育的现实是，课业负担过重，升学压力、就业压力等多重压力不允许环境教育等非升学、非就业内容真正进入课堂，使得各个年龄段的环境教育均处于"雷声大、雨点小"的境地，可以预见未来的一段历史时期内，环境教育仍然是学校教育的

一个边缘选修科目，不可能担负起广泛提高公众环境科学素质的重任。当然，如果学校体系真的建立起完善的环境教学和实践课程，那么作为辅助体系的社会教育——环保科普的存在价值也将大打折扣。比如现在社会上哪里会看到数学科普、物理化学科普呢！主流的科普都集中在地震救灾、医疗健康等学校教育不能满足需要，社会生活需求又非常强烈的领域。

从现实的角度来看公民环境科学素质提升途径，正是因为学校环境教育的缺失，才更加凸显了环保科普的社会教育价值。环保科普不仅仅是学校教育的补充，而且是代替学校教育承担着全体公民环境科学素质提升的社会责任。

第二章　重点人群素质提升体系

一、重点人群

国内外关于提升国民科学素质的研究和计划都有一个明确的提升对象，即近期或未来一个历史时期需要优先或重点提升的群体。从发展的角度来看，这个群体多数情况下都定义为青年或青少年，即主要是培养未来人。

但是环境保护这项工作有自己的特殊性，前文在论述环境科学素质的内涵部分已经讨论过，环境保护是一个现实问题，不仅需要未来的人来解决问题，更紧迫的是现在的人要提升素质，减缓污染的脚步。因此，环境科学传播的对象如果只定位为青年或青少年，局限性就会非常大。虽然无论在理论研究过程中，还是在实践中，对于"重点人群"的提法和划分都有很多不够严谨和科学的地方，但是作为一项以应用为主的工作，现阶段环境科学传播还没有比按照人群开展工作更好、更科学的方式。对于如何划分重点人群，重点人群是否能够覆盖所有的人，是否能够体现"全民"的需求，这里不做更多的讨论。

2006 年，国务院颁布实施的《科学素质纲要》第一次提出了几个重要的工作对象群体，即明确要以未成年人、农民、城镇劳动人口、领导干部和公务员四个重点人群开展工作，这是从我国基本国情和当前公民科学素质建设的实际出发，特别是针对存在的问题和薄弱环节所提出的战略部署，具有重要的现实意义和深远的历史意义。

环境科学传播重点人群的选择参考了《科学素质纲要》，但又有所不同，毕竟环境科学传播有其自身的特点。环境污染的产生，主要来自人类的生产和生活，我国目前的城乡二元结构使得生产和生活又分为城市和农村两个主要类别。因此，我们将环境科学传播的主要对象定位为青少年、农民、社区居民和管理者（包括政府和企业管理者）四个类别。

青少年作为未来的社会主要成员，必须要提升环境科学素质。这是一个综合性的社会系统工程，需要从幼儿园、小学、中学等学校教育延伸到家庭教育和社会教育，需要家长、教师、校外辅导员、科技工作者、教育志愿者等有机结合、相互配合，需要动员和利用家庭、学校和社会的各种科技教育资源和设施。

选择农民、社区居民和管理者主要是从现实需求考虑的。

我国有广阔的农耕土地，农民是我国人口的主体。农村的污染核心来源就是农民的生活和耕作，要想改变农村环境污染的现状，农民群体环境科学素质的提高必不可少。目前，我国公民科学素质的城乡差距十分明显，广大农民享受科学教育、传播与普及公共服务的机会远低于城市居民。如果广大农民的环境科学素质没有显著的提高，全民环境科学素质的提高就难以实现。从这个意义上讲，开展环境科学传播工作，重点在农村，难点在农民。

社区居民是除了农民外城镇生活的主体，自然资源、能源和物料的主要消耗者，也是城市污染的主要制造者。

管理者虽然主要生活在社区，也属于社区居民，但是管理者在环境保护工作中扮演着特殊的角色。政府管理者是政策的制定者和执行方，对于其治理的区域和管理的行业有着强烈的导向作用。企业的管理者是技术创新和行业污染转变的主要驱动者，只有企业管理者主动参与环保，才是企业整体转向的根本动力。管理者的行为不仅代表个人，更是代表地区和行业，管理者的科学素质水平将直接影响决策科学化、民主化和科学执政、科学管理，而且对全体公民提高环境科学素质也有着巨大的示范效应和影响。因此管理者的环境科学素质是重中之重。

（一）青少年

青少年是社会的未来公众储备也是未来的人才基础，他们走入社会后，将成为经济社会建设者中的主力军。青少年的好奇心重、求知欲强、观察力敏锐、自我认知感强烈，始终处在不断学习、体验、实践与修正的过程中，青少年时期是学习知识、提升自身素质的黄金时期。因此，这一年龄阶段是进行环境科学素质培训的最佳介入阶段，也是最佳的环境科学素质养成期。将青少年作为重点人群开展环境科普工作，加强环境科学知识普及，引导他们形成积极、正面的环境保护意识；正确认知个人、社会与自然之间相互依存的关系；从身边做起、从小事做起来保护环境，将达到事半功倍的效果，也将为提高未来全体公众的环境科学素质，推动环保事业的发展奠定坚实基础。根据青少年生理和心理发育特征，青少年环境科学素质提升工作将按照学龄段划分为 6～12 岁、13～15 岁、16～18 岁3 个阶段。

6～12 岁相当于小学阶段。该阶段的青少年正处于行为教育的黄金时期，他们求知欲强、喜欢动手探究，是体验环境科学意识、提高环境科学兴趣、培养环境科学行为规范、促进环境科学意识养成的重要时期。这一年龄段青少年环境科学素质提升工作的重点与难点是：通过感知和依靠表象引发青少年对生态环境的兴趣，使其掌握简单的环境科学方法，养成节约资源、循环使用生活物品、分类处理生活垃圾等一定的环境科学行为习惯，形成热爱自然、尊重生命的意识。

6～12 岁青少年的环境科学行为能力需要具备：体验人类以外动物、植物的生存需求；体验乐声的美好；尝试保护生态环境，如不乱扔垃圾、保护小动物、保护植物、节约用水、节约用电、节约煤气等；参加环保活动；分享环保心得；尝试建议家人购买并使用再生产品、可重复利用产品、清洁能源产品、低耗能产品等；乡村青少年尝试建议家人进行农业清洁生产；城市青少年尝试建议家人选择安全的农产品并安全食用；尝试理性应对公共污染事件，及时寻求成人的帮助。

13～15 岁相当于初中阶段。这阶段青少年正处于从形象思维为主发展到抽象思维与形象思维并重的转变过程中，其观察、记忆、想象诸多能力发展迅速；自我意识趋于成熟，自我控制和评价能力日趋完善，行为的依赖性逐渐减少，根据目的而做出决定的水平不断提高；拥有较为深刻的内心体验，社会性、精神性的需求不断涌现，已经能够认识自己在社会和集体中的地位与作用，形成了初步的社会责任感。因此，这一年龄段青少年环境科学素质提升工作的重点与难点是：引导青少年热爱自然，珍爱生命，理解人与自然和谐发展的意义，正确认识科技进步在环保工作中发挥的作用与可能的影响，能够主动参与、乐于探究、勤于动手，具备一定的实验操作能力，开始关注与环境保护相关的社会问题，并带动家人和同学完成环保行为。

13～15 岁青少年的环境科学行为能力需要具备：探索人类以外动物、植物的生存需求；尝试保护生态环境，如不乱扔垃圾、保护小动物、保护植物、节约用水、节约用电、节约煤气等；积极参加环保公益活动；积极建议家人践行"低碳生活"，并以身作则、带头响应；探索设计制作小发明，解决生活中的实际环保问题；尝试理性应对公共污染事件，及时寻求成人的帮助；通过正规渠道举报身边可见的物理性污染事件。

16～18 岁相当于高中阶段。此年龄段青少年的智力活动接近成人水平，学习兴趣明显分化，理想富有现实性，抽象思维从"经验型"向"理论型"急剧转化，具有较强的观察能力、分析能力和判断能力，初步形成了较为稳定、较为系统的世界观、人生观和价值观，形成了成熟的自我意识和自我价值观念。这个年龄段是一个人独立走向社会生活的准备时期。这一年龄段青少年环境科学素质提升工作的重点与难点是：引导青少年系统认知个人、社会与自然之间相互依存的关系，学习人与环境和谐相处需要的知识和技能，正确认识自己享有的环境权利，勇于承担自己肩负的环境义务，从身边做起、从生活小事做起，在衣、食、住、行、文娱等个人生活中完成环境保护实践，并逐渐形成环境责任感，尝试参与公共环境议题的讨论与解决。

16～18 岁青少年的环境科学行为能力需要具备：研究身边的环境现象与环境问题，尝试分析和解决某些生活、生产或社会实际问题；探索设计制作小发明，解决生活中的实际环保问题；参加环保公益活动，参观所在地区环境保护单位、环境质量监测单位；能够独立探究某一项环境污染问题，与他人合作设计自身行为调整对其影响的社会调查项目，搜集资料、分析数据、进行实验、得出结论；理性应对污染事件，及时寻求成人的帮助；主动关注并尝试参与环境问题的公共议题与社会决策。

（二）社区居民

社区居民指年龄在 18～69 周岁，生活在城镇居民区内，接受过完整的 9 年义务教育的成年公众。社区作为城市经济和社会生活的基本单位，是枢纽型的社会组织，最为全面地集合了不同性别、不同年龄、不同文化程度和不同职业的社会成员，对象范围最为广泛。社区居民的需求包括以下几方面：一是知识诉求倾向，即出于提高生活质量、改变自身素质和技能的生存需求的目的，在社区成员中间实现科学知识的流动、知识共享、知识利用和知识更新，从而完成对实用科学、百姓身边科学等的继续教育；二是自治意识倾向，即社区成员希望能通过自我组织途径、自我教育自我管理手段，达到自我服务、民生自主的境界；三是角色展示倾向，即为满足一种他人对自身价值和角色的认可与欣赏，从而希望有一个展示自己一技之长的舞台。

相较于青少年，社区居民建立了较为完备的知识体系，社会经验储备丰富，注意力集中时间短、遗忘速度快、目的性强，对于正式的学习环境会感到较大压力，学习过程中对于辅导人员的依赖较小。工作的重点与难点是：在其已有的社会经验之上，引导社区居民重新感受、认知自己身处的环境与环境问题，正确认识个人、社会和自然之间相互依存的关系，增强对自然和社会的责任感，追求应享有的环境权利，承担其应担负的环境义务，进而在个人生活与社会公共生活中完成环保实践，能够为保护生态环境付出时间、空间和经济的代价。

社区居民的环境科学行为能力需要具备：研究身边的环境现象与环境问题，利用已有的环境科学知识与方法，分析和解决某些生活、生产或社会实际问题；追求环保事业，从身边做起、从小事做起，积极参加环保活动，并带动家人、同事完成环保实践；做到节约资源、绿色消费、农业清洁生产、物品回用与合理处理生活垃圾；积极参与环保公益活动，参观所在地区环境保护单位、环境质量监测单位；科学认知、理性应对环境污染事件；主动关注并积极参与环境问题的公共议题与社会决策。

（三）农民

农民的基本环境科学素质体现在关注、关心环境，能够正确理解基础性的环境与环境保护科学知识，掌握一定的环境科学方法，了解环境保护相关的法律法规，能够在农业生产生活等环节做出正确的决策，形成科学解决环境问题和参与公共环境事务的能力。

农民需要认识到人与自然的和谐关系对人类生存的重要性；知晓农村环境污染问题及其对农业生产的影响，增强对自然的责任感，让农民正确认识目前农业生产中常见的环境污染及其危害；在生活生产实践中树立环保意识等。

在环境科学知识与方法方面，与农民生产生活联系紧密、具有代表性和典型性的重点问题和难点问题，涉及生态系统与保护、自然资源与保护、生产资料、废物处置、农耕与畜牧、林业与渔业 6 个主题，其中前 4 个主题具有普适性，后 2 个主题分别针对从事不同业态的农业生产者。

（四）管理者

管理者应该关注、关心环境，能够正确理解并掌握基础性的环境与环境保护科学知识，掌握一定的环境科学方法，掌握环境保护相关的法律法规，能够针对社会公共事务管理、企业生产等环节做出正确的决策，形成科学解决环境问题和参与公共环境事务管理的能力。

政府管理者，应具备贯彻落实国家和地方环境法律法规的执政意识，其中执法部门应具备贯彻落实相关执法的意识；具备贯彻落实环境管理制度建设的意识，其中执法部门应具备贯彻落实相关执法的意识；具备贯彻落实事故预防与应急处置的意识。

企业管理者，应具备认真遵守国家和地方环境法律法规的意识；具备加强本企业环境管理制度建设的意识；具备加强事故预防与应急处置的意识；具备加强企业文化中环境文化建设的意识，树立环保意识。

向管理者普及的环境科学知识，主要包括生态保护、资源投入、污染输出、环境伦理、政府职责、企业责任6个主题，其中前4个主题具有普适性，后2个主题分别针对不同管理者人群，具有针对性。

对政府管理者的传播，要强化其贯彻落实国家和地方环境法律法规的执政能力，其中执法部门强化贯彻落实相关执法能力；强化贯彻落实环境管理制度建设的能力；强化贯彻落实事故预防与应急处置的协同能力。

对企业管理者的传播，要强化其加强本企业环境管理制度建设的意识和能力；加强事故预防与应急处置的协同能力；加强企业文化中环境文化建设的能力，加强环保宣传。

二、知识体系

环境科学是研究人类社会发展活动与环境演化规律之间相互作用关系，寻求人类社会与环境协同演化、持续发展途径与方法的科学，环境科学要探索包括全球范围内的环境演化规律、环境变化对人类生存的影响以及区域环境污染的防治技术和管理措施，偏重于污染防控研究。

环境科学涉及的理论与实践知识体系非常庞大。"环境科学与工程"是教育部一级学科，属工学（编号0830），需要学习的课程包括机械制图、工程力学、工程流体力学（水力学）、无机及分析化学、无机及分析化学实验、物理化学、环境微生物学、环保设备设计、电工学及实验、仪器分析、有机化学、有机化学实验、环境化学、给排水管网设计、清洁生产、工程概预算及经济分析、化工原理、化工原理实验、化工工艺设计、计算机在环境科学中应用、专业外语、环境学基础、生态学基础、环境科学导论、环境工程原理、环境系统工程与优化、环境化学、环境影响评价及环境规划、环境噪声控制、固体废物处理工程、大气污染控制工程、水污染控制工程（包括给水工程和排水工程）、环境工程学导论、环境质量评价、环境设计、环境工程土建概论、环境管理、环境法学、环境监测、环境监测实验等。

　　环境科学传播毕竟与系统的学科教育不同，不仅要面对学习经历和知识体系完全不同的群体，还要考虑到不同群体的知识需求度和适用性。因此，从关联度、代表性等角度考虑，选取了生态系统与保护、自然资源与保护、大气环境保护、水环境保护、土壤环境保护、固体废物、物理性污染与自身保护、环境权利与义务8个主题的核心内容进行梳理，形成重点人群环境科学基础知识体系（图2-1）。

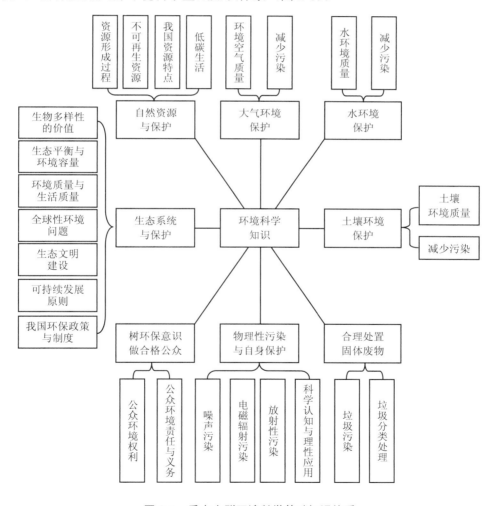

图 2-1　重点人群环境科学基础知识体系

（一）生态系统与保护

人类是地球环境发展到一定阶段的产物，人类要依赖生态环境才能生存和发展，人类又是环境的改造者，通过社会性生产活动来使用和改善环境，使其更适合人类的生存和发展。环境问题产生的初期，并没有引起人类的足够重视，当环境的反馈作用已经严重威胁到人类的生存和发展时，环境问题逐渐得到重视。随着人类社会的不断发展，生态环境中出现了越来越多的人类足迹，发生了越来越大的变化。水、大气、岩石、阳光、土壤这些环境要素和生物圈、生态平衡、生物多样性这些环境体系以及森林、湿地、动植物、昆虫这些环境资源都需要人类加以重新认识。在认识环境、了解环境的同时，人类更应该审视过去、思索未来。环境是发展的基础，发展依赖于环境，只有改变发展方式，人类才能拥有未来。

为有效地保护生态环境，需要学习和遵循保护生态环境的基本原理。一是生态系统结构与功能相对应原理，要从保护结构的完整性和运行的连续性方面达到保持生态系统环境功能的目的，保持生态系统的再生产能力；二是将经济社会与环境看作是一个相互联系、相互影响的复合系统，不断改善生态环境以建立新的人与环境的协调关系；三是保护生物多样性，将保护生态系统的完整性、可持续地开发利用生态资源、恢复被破坏的生态系统和保护生物生存环境放在首要位置上；四是将普遍性与特殊性相结合，关注特殊性问题，将解决重大生态环境问题与恢复提高生态环境功能结合起来。

具体包括：

（1）生态系统：生态系统的组成以及各组成部分发挥的作用；生态系统的属性；生态系统的功能；典型生态系统都有哪些，他们的主要特点以及重要作用是哪些。

（2）生物多样性：生物多样性的概念；生物多样性直接价值和间接价值的具体含义。

（3）生态平衡与环境容量：环境的自净能力；环境容量的概念、环境容量的有限性；生态平衡与动态生态平衡的概念；生态破坏的原因；环境的基本特性；环境问题的本质。

（4）环境质量与生活质量：环境质量的概念；环境污染对人体的危害；环境污染对人体的危害途径；大气环境质量、水环境质量、土壤环境质量、生物环境质量等对人类生活和社会经济发展产生的影响；能源利用对环境造成的污染。

（5）全球性环境问题：生物多样性锐减的概念与成因；全球气候变化的概念与成因；臭氧层破坏的概念与成因；著名的世界环境污染事件成因与造成的后果；人类个体行为

与全球性环境问题之间的关系。

（6）生态文明建设：生态文明建设概念的提出。

（7）可持续发展原则：可持续发展原则的具体内容；《21世纪议程》的主要内容与作用；科学发展观对经济、社会、环境和谐发展的阐述；生态经济的概念；清洁生产的概念；绿色经济的概念；绿色企业的概念与绿色生产行为的定义。

（8）我国环保制度："三同时"制度的主要内容；环境影响评价制度的主要内容；排污收费制度的主要内容；环境保护目标责任制的主要内容；城市环境综合整治定量考核制度的主要内容；污染集中控制制度的主要内容；排污申报登记制度的主要内容；排污许可证制度的主要内容；《环境影响评价公众参与暂行办法》有关"公众参与规划环境影响评价的规定"；ISO 14000环境管理体系的基本概念与作用。

（9）我国环保政策：三大环保政策的具体内容；自然保护区的概念与作用；生态示范区的概念、作用与分类；国家级生态县、市的概念与评选条件；国家环保模范城市的概念与评选条件；绿色社区的概念与评选条件。

（10）环保科普纪念活动：国际湿地日、世界地球日、爱鸟周、国际生物多样性日、世界环境日的时间、主题与意义。

（二）自然资源与保护

自然资源是国民经济与社会发展的重要物质基础，分为可再生资源和不可再生资源两大类。随着工业的发展和人口的增加，人类对自然资源的巨大需求和大规模的开发已导致自然资源的减少、退化和枯竭。如何以最低的环境成本确保自然资源的可持续利用，将成为当代所有国家在经济、社会发展过程中所面临的一大难题。处于快速工业化、城市化过程中的中国，基本国情是人口多、底子薄、资源相对不足和人均国民生产总值仍居世界后列，以单纯的消耗资源和追求经济数量增长的传统经济发展模式正在严重地威胁着自然资源的可持续利用。以较低的资源代价和社会代价取得经济的快速发展并保持持续增长，是具有中国特色的可持续发展战略选择。

为了有效地保护资源，切实在生活中做到节约资源，一是需要学习自然资源的分类与特征、我国自然资源及利用的基本特点；二是"低碳生活"的构成要素，特别是绿色出行主要方式的优点、绿色装修的注意要素、生活物品回用的技巧等；三是科技进步在节约资源、开发资源、利用资源等方面发挥的重要作用。

具体包括：

（1）自然资源的价值：自然资源的内涵与特征；人类社会与自然资源的关系；自然资源的分类；自然资源价值的构成；自然资源价值的实现；认识自然资源价值的意义。

（2）重要资源的形成过程：水资源、石油等化石燃料、矿产资源等重要资源的形成过程。

（3）可再生资源与不可再生资源：可再生资源与不可再生资源的概念；可再生资源与不可再生资源的主要类别；不可再生资源的稀缺性。

（4）我国资源的特点：人均资源占有量的概念、我国人均资源的具体现状；我国资源的国际地位；我国资源的劣势；我国资源的开发现状。

（5）资源节约型社会、环境友好型社会："两型社会"概念的提出与地位；资源节约型社会与环境友好型社会的概念；构建资源节约型社会与环境友好型社会的意义；标准煤的概念；单位 GDP 能耗的概念。

（6）低碳生活：低碳的基本概念；二氧化碳过度排放引发的全球环境问题；绿色出行、绿色装修等绿色消费的行为构成与重要意义。

（7）新能源、新材料与新技术：太阳能、风能、生物质能、核能等新能源的优势与用途；新材料的分类、优势与用途；建筑节能、节水、节电、节粮等新技术在节约资源、开发资源、利用资源中发挥的重要作用；节能产品惠民工程；"十城千辆"电动汽车科技示范工程；环境卫星遥感应用技术。

（8）环保产品认证：中国环境标志、中国节能产品、可回收物等标识与相关认证产品的功能优势。

（9）环保科普纪念活动：植树节、世界水日、爱鸟周的时间、主题与意义。

（三）大气环境保护

包围地球的空气称为大气。大气为地球生命的繁衍、人类的发展提供了理想的环境。大气质量的好坏，直接影响着整个生态系统和人类的健康。某些自然过程不断地与大气进行着物质和能量交换，影响着大气的质量，尤其是人类活动的不断加强，对大气环境产生了更为深刻的影响。因此，大气污染已经成为人类所面临的重要的环境问题之一。

为了通过个人行为直接或间接地实现提升和保护大气环境质量的目的，一是需要学习大气的组成与结构；二是了解雾霾等典型大气环境污染问题的危害与成因；三是绿色消费与改善大气环境质量之间的关系；四是我国主要的大气环境保护技术、措施与工程。

具体包括：

（1）大气的基本概念：大气的组成；大气层结构。

（2）大气环境污染：工业污染源、生活污染源、交通污染源等不同大气环境污染来源的危害；二氧化硫、氮氧化物、颗粒物等主要环境空气质量指标的性质和危害；雾霾、酸雨等几种典型的大气环境污染问题；人为大气污染物产生的途径；典型大气污染问题。

（3）空气质量：空气质量的基本概念；环境空气质量的监测规范；《环境空气质量标准》对空气功能区的分类；空气污染指数的基本概念，不同污染指数反映的空气质量状况；公众面对空气污染应采取的措施；《室内空气质量标准》对住宅、学校教室等含有甲醛、苯等有害气体的规定限值；所在地区空气质量环境保护单位、空气质量监测单位的职能。

（4）绿色消费与改善空气质量：绿色出行、绿色装修等绿色消费行为与减少空气污染之间的关系等的具体消费内容。

（5）监测与治理技术：$PM_{2.5}$ 等主要大气污染物的监测技术，脱硫、除尘等污染治理技术。

（6）环保科普纪念活动：世界气象日、国际臭氧层保护日的时间、主题与意义。

（四）水环境保护

地球上的各类水体，通过水循环形成了一个连续而统一的整体。水是一切生命赖以生存、社会经济发展不可缺少和不可替代的重要自然资源和环境要素。20 世纪 90 年代以来，世界淡水资源日渐短缺，水环境愈加恶化，污染日益严重，水、旱灾害愈演愈烈，使地球生态系统的平衡和稳定遭到破坏，并直接威胁着人类的生存和发展。

为了通过个人行为直接或间接地实现保护水环境质量的目的，一是需要学习水体环境质量的主要指标；二是需要学习水污染的概念，分析水污染物的来源与危害；三是绿色消费与减少水环境污染之间的关系；四是我国水污染防治工作取得的成果及存在的主要问题。

具体包括：

（1）水体环境的基本概念：水在环境中的循环；天然水的组成。

（2）水环境污染：工业废水、生活污水、农田径流排水等不同水污染来源的危害；化学需氧量、氨氮、pH 值等主要水质指标；水体富营养化、海洋赤潮等几种典型的水环境污染问题；水中人为污染物的来源。

（3）水环境质量：水环境质量的基本概念；主要水质监测指标；《水环境质量标准》对水体功能区的分类；农业污水灌溉的危害；所在地区水环境质量保护单位、水环境质量监测单位的职能；所在地区自来水处理的相关技术。

（4）绿色消费与减少水环境污染：绿色消费与减少水环境污染之间的关系；绿色消费对企业生产、流通环节产生的正面影响。

（5）循环使用与减少水环境污染：循环使用生活用水与减少水环境污染之间的关系；循环使用对企业生产、流通环节产生的正面影响。

（6）监测与治理技术：水环境质量监测技术；主要污染物的治理技术。

（7）环保科普纪念活动：世界水日、世界海洋日的时间、主题与意义。

（五）土壤环境保护

土壤不仅为植物提供必需的营养和水分，而且也是动物和人类赖以生存的栖息场所。土壤是陆地生态系统的基础，土壤中的生物活动不仅影响着土壤本身，也影响着其他的生物群落。对于人类而言，土壤是农业发展的物质基础。没有土壤就没有农业，也就没有人们赖以生存的衣、食等基本原料。由于人口不断增加，人类对食物的需求量越来越大，同时，经济的发展也使得公众对于食品质量的要求越来越高，土壤在人类生活中的作用也就越来越大。

随着城乡工业不断发展壮大，"三废"污染越来越严重，并由城市不断向农村蔓延，加之化肥、农药、农膜等物质的大量使用，土壤污染不断加重。因此，人们必须更为深入地了解土壤，利用和保护土壤。一是需要学习土壤环境的污染源、土壤污染的危害；二是土壤重金属和农药污染的危害，重金属和农药在土壤中的迁移转化过程；三是绿色消费、农业清洁生产与保护土壤环境之间的关系；四是如何保证食用农产品安全无害。

具体包括：

（1）土壤环境的基本概念：土壤环境的概念；土壤的组成成分。

（2）土壤环境污染：土壤中人为污染物的产生；工业污染、农业污染、生物污染等污染来源的危害；重金属、化肥农药对土壤的危害；土壤环境污染的危害；典型土壤环境问题。

（3）土壤环境质量：土壤中的主要污染物；土壤环境质量的基本概念；《土壤环境质量标准》对土壤功能区的分类。

（4）绿色消费与减少土壤环境污染：绿色消费与减少土壤环境污染之间的关系；绿色消费对农业生产、流通环节产生的正面影响。

（5）农业清洁生产与减少水环境污染：农业清洁生产与减少土壤环境污染之间的关系。

（6）环保认证产品：绿色食品、无公害农产品、有机食品等标识与相关认证产品的功能优势。

（六）合理处置固体废物

人们在开发资源和制造产品的过程中，必然产生废弃物。任何产品经过使用和消费后，都会变成废弃物。废弃物是在某一过程或某一方面相对没有使用价值，而并非在所有过程或所有方面都没有使用价值。某一过程的废弃物，往往是另一过程的原料，所以废弃物又有"放在错误地点的原料"之称。

固体废物为人类一切活动过程产生的且对所有者已不再具有使用价值而被抛弃的固态或半固态物质。为合理处置生活中的固体废物特别是生活垃圾，一是要学习固体废物的概念和来源；二是了解固体废物资源性的特点；三是学会生活垃圾资源化利用方式；四是了解绿色消费、循环使用、分类处理与减少生活垃圾之间的关系。

具体包括：

（1）固体废物的基本概念：固体废物的来源；固体废物的分类；固体废物典型的污染问题；电子垃圾、建筑垃圾的概念与处理方法；典型垃圾污染问题。

（2）生活垃圾：生活垃圾的概念与危害；再生资源的意义；生活垃圾的分类方法；生活垃圾不同处理方式的利弊；绿色消费与减少生活垃圾之间的关系；循环使用与减少生活垃圾之间的关系；分类处理生活垃圾的重要意义；塑料分类回收标志；生活垃圾无害化处理等治理技术；所在地区生活垃圾处理单位的处理办法和处理流程；城市生活垃圾处理及污染防治技术。

（七）物理性污染与自身保护

人们在日常生活中，不断接受声、光、热、电等各类物理因素，在自然状态下，这些因素都与人相安无事，但随着现代工业、现代生物和信息技术的发展，原有的平衡被打破，形成了噪声、电磁辐射、放射性辐射、光污染和振动污染等物理性污染。

这些物理性要素长期存在于自然界之中，但人类社会的发展导致其不断被放大，进而影响人类正常的生活，因此需要通过学习相关知识，正确对待物理性污染，从而采取科学有效的防护方式，达到理性应对的目的。一是需要学习日常生活中有可能接触到物理性污染的来源、途径与误区；二是自我保护的方式、方法，避免生活环境中不当使用家用电器等造成的危害；三是物理性污染的基本检测方法和防护方法。

具体包括：

（1）噪声污染的来源与危害；《城市区域环境噪声标准》对住宅区的昼、夜噪声限值；《建筑施工场界环境噪声排放标准》对建筑施工过程的昼、夜噪声限值。

（2）电磁辐射的基本概念、计量单位和危害；人工电磁辐射污染来源；电磁辐射污染的个人防护措施。

（3）放射性污染的基本概念、计量单位和危害；放射性污染的来源；放射性污染公共安全事件和基本的个人防护措施。

（4）光污染的基本概念；光污染的来源；光污染的个人防护措施。

（5）振动污染对人的影响；《城市区域环境振动标准》对城市居住区昼夜的振动限值；振动污染的个人防护措施。

（八）环境权利与义务

《中华人民共和国环境保护法》第六条规定："一切单位和个人都有保护环境的义务，并有权对污染和破坏环境的单位和个人进行检举和控告。"这一法条明确赋予了每一位公众在环境保护中具有的权利和义务。

《环境保护法》的基本原则提到了政府对环境质量负责和依靠群众保护环境这两个方面。我国的环境资源正面临日益增大的压力，一方面，要通过进一步强化政府的环保责任，完善监管制度，维护公众环境权利；另一方面，需要全体公众树立科学的环境保护意识，促进环境保护文化氛围的建立，增强公众的环境意识，将保护环境变成自觉的行动，从而使可持续发展理念深入人心。

具体包括：

（1）公众环境权利的基本内容。

（2）公众环境义务与责任的基本内容。

（3）我国与环境保护相关的法律法规。

（4）理解可持续发展、"两型社会"建设、生态文明建设等国家政策方针与社会发展、人类生活质量提升之间的关系。

第三章　环境科学传播能力支撑体系

一、环保科普资源开发与共享

（一）科普资源

通常意义上认为，科普资源是指在一定的社会经济、文化条件下对科普事业发展、繁荣有着直接或间接影响的因素，而且，主要是从科普工作的投入状况、科普创作人员状况、科普作品现状、科技馆现状等角度对所谓的科普资源进行分析。这显然是一种自然资源定义观的延续。然而，科普成效的影响因素不能等同于科普资源。相对而言，影响因素的范畴要比资源的范畴大。就科普成效而言，科普对象的心态等个体特征都会对科普成效产生影响，可是，这些显然不能成为科普资源的组成，否则，一切要素都可以归为科普资源。这在界定上有扩大之嫌。同理，科普的要素也不能等同于科普资源。因为科普要素是指对科普效果能够形成重要影响的因素，而资源则是对物质的客观描述。

再者，从我国科普工作的现状来看，长期以来，技术推广活动可以说一直是我国科普工作，尤其是农村科普工作的主要内容和重要形式，服务于生产建设。这自然与我国的国情有直接的联系。但是在科普工作中以技术推广活动为主，甚至被技术推广活动取而代之，显然，与科学普及本身的目标是不一致的。着眼于实际技能掌握和实用技术运用的技术推广活动，从性质上说是一种经济行为，最终以营利为目的，应当属于社会职业教育中技能培训的范畴。这与着眼于提高国民科学素质，即从科学知识的理解、科学研究方法和过程的理解以及科学技术与人类社会相互作用的理解三个层次上促进公众理解科学事业的现代科学普及在目标上显然是不同的。从严格界定上看，技能和技术推广不属于科普，但却是我国现阶段甚至未来很长一段时间内的重要工作，在实际工作中也已经被纳入科普当中。因此，上述定义在科普资源的界定上均未考虑到这一因素，不能不说还是存在着一定的不完善。

我国科普发展阶段的滞后性决定了我们不能简单移植西方国家对科普资源的一般性描述和界定，而发展阶段的差异性又决定了我们需要慎重考虑我国科普资源界定的普适性。一方面，过于考虑实际情况，可能会在国际交流和比较中存在许多困难与挑战；另一方面，与国际完全接轨也会使科普工作脱离实际，对现实科普工作的推进不利。总而言之，科普资源的界定面临诸多挑战。

科普资源的定义确实有如下几个普遍特点：

第一，广义的科普资源定义容易盲目扩大化。科普资源的定义如果从广义的科普角度来看，所有资源对于"未知"的人来说，都可以划作科普资源。这种定义方式，即将所有的"科普属性"盲目夸大，且进行了简单的统一划齐，将"科普"简单地与所有的"未知"进行了等同，这不利于科普资源的研究与发展。

第二，科普资源具有状态。科普资源与具有科普属性的资源是同一"物质"的不同状态。对于不同知识水平、学习能力和理解水平的人来讲，科普资源与具有科普属性的资源划定是没有严格界限的。例如，对非常专业的知识或设备，有一部分人可以理解，有一部分人可能理解起来有困难，那么对于理解的人来说，现有状态就可以定义为"科普资源"，对于不理解又想要理解的人来说，现有状态即为"有科普属性的资源"。也就是说科普资源是一种状态性的描述。这种状态的变化、科普的水平的高低，并不是完全因科普资源的提供方来决定，同时也由学习接受者（即被科普者）来决定。听懂了，听者则认为科普得很好。没听懂，则听者会认为科普得还不够。

第三，科普资源从概念的定义来分析，通常将人、财、物和基础设施等常规的资源进行简单的归类，其实在常规语境中，科普资源更多的是指包括了绝大部分"科普资料"的、能够在科普工作中使用的各种载体形式的"知识"。

因此，笔者认为，科普资源的定义为：科普资源是科学知识为满足社会化传播和学习而存在的一种状态。

（二）环保科普资源转化的内涵

为什么要提倡、鼓励科技资源的科普化？我们知道，科普知识是科技知识的一种独特表达方式，是另外一种表达的状态。其关键是要采取公众易于理解、接受、参与的方式向社会公众传播。可见，要使科技领域的知识为普通公众所理解和接受，需要经历知识的再加工，也就是科普创作的过程，这种科普创作实质上是一种知识的再生产和转化，而公众在接收创作后的科普知识时，其目的也可能不再是简单地学习某种知识，而是领会科学的精神，包括科学家在研究、创作这些知识和科学发现、技术发明过程中所体现的一种不断探索、求证的精神。

科技资源是科学研究和技术创新过程中所涉及的各种知识、实验器材、实验物品，甚至是自然界中真实存在的一些现象。一般来说，科技知识具有累加性，科技成果则具有线性突破的特点。也就是说，当某个领域的知识穷尽以后就需要寻求突破，但即便是科学家，也不是人人都能突破的。因为知识的累加不是突破的充分条件，有时悟性和运气发挥着更重要的作用。除科技知识以外，其他的资源并非被科研人员所独占，任何人只要愿意去探索，都可以运用这些资源进行研究，甚至有所发现，只不过科研人员比一般人更具有专业素质。但是，由于这种科技资源的专业性较强，很多资源虽然是探索的工具，但如果没有通过科普化，一般公众仍然难以理解、使用、了解这些资源，更谈不上用这些资源去进行探索、研究。因此，公众具备了这种探索和求实求真的精神，还需要有实践的机会和场所，通过探索和实践，才有可能带来思想上的改变，比如改变思考问题的方法，不轻信、不盲从等。科技资源科普化既是公众理解科学、提高科学素质的需要，也是科技事业自身发展的需要，因为科技发展需要得到公众的支持，而要得到公众的理解和支持，这就需要让公众了解科研人员所从事的研究的意义。科技资源科普化的过程，也是科技事业发展与公众的互动过程。

从现实看，科普的内容虽然来自科学技术领域，尤其是科技研究不断地为科普提供新视野和新内容，但科技研究所产生的知识和涉及的资源也只处于原材料的状态，需要通过加工，才能改变其状态，成为科普的产品资源。科技资源的原始状态虽然更加严谨、科学，有个别的也接近于科普资源的状态，但绝大多数科技资源仍然需要有本专业背景和素养的人才能理解，一般公众难以理解这种状态的知识。因此，科技资源需要进行一定的加工才能发生转化，变成我们需要的状态，这种加工以及使之状态转变为易于被公众理解的过程就是科技资源科普化的过程。

化：本意为转变，用于名词或形容词后，可表示使具有，或使变为、使成为某种属性或状态。"科技资源科普化"是一个重要且蕴意深刻的命题，其所指是使科技资源衍生或延伸、拓展出科普功能。

"科普化"的"化"字，意在衍生、延伸或拓展，而不应理解为转变。"科技资源科普化"是利用科技资源实现科普功能，实现科技资源除了发展科学技术水平和能力之外的社会作用。科普化并不是，也不应是使原有科技资源的科技功能丧失或弱化，而是经过努力、创造条件，使之产生出新功能———科普功能，而后者还会在一定意义上强化和反作用于科技资源原有的功能。

本书认为，科普化的"化"在现有的环境下，除了衍生、延伸或拓展，还有一个更重要的含义为"状态的变化"，即通过状态的变化，通过解释，将"不理解"变为"好理解"，将"不懂"变为"容易懂"或者"好懂一点"。

(三) 环境科技资源的科普属性

科技资源的科普属性主要来源于其蕴含的知识，因此，环境科技资源的科普属性从根本上来看，应从环境科技资源蕴含的知识进行分析。

科普面向的主要是"未知"的公众，因此，环境科技资源的科普属性从公众的角度分析，主要包括如下以下几个方面：

1. 个人关联性

个人关联性是指从公众生活、工作的角度出发，科普资源所蕴含的知识与公众个人的关系。个人在选择知识的时候，从关联性的角度出发，通过个人判断得到这个内容"与我有关"或者"与我无关"的结论，才能选择是否会进一步学习。

关联性是科技资源科普属性的核心基础属性。因为公众在选择知识的第一反应，就是要辨别知识"是否与我有关"。例如，广义来讲，健康类的知识与每个人都有关系，但是细化到很多具体的疾病知识时，并不是所有的人都会关心某一具体疾病，因为自己没有这方面的疾病或病痛的时候，这些知识在公众的个人判断中第一反应就是"与我无关"，那么在无关的判断下，想要进一步学习和了解的积极性就会极大地降低。

关联性的高低，直接会影响科技资源是否要科普化。因为对关联性低的内容强行进行科普化后，怎么要求公众（受众）接受知识或者能够主动学习，也将是一件非常困难的事情。

2. 趣味性

趣味性指的是科学本身具备的吸引力，也就是我们常说的科学魅力。科学本身有很多深奥、系统的知识内容，要理解一些科技成果蕴含的知识、精神、方法，需要有相应层次的知识。但是从科普角度来看，趣味性就是让大家能够有进一步了解和学习的吸引力，这就是一种趣味性。例如，近年来非常流行的一些内容，包括空间、宇宙、引力波等内容，要想能够真的把这些内容学懂，需要的基础知识非常多，尤其需要在物理等理论方面有很深厚的基础。但是，这些内容还是成了非常流行的科普内容，无论年龄大小，无论知识水平高低，人们都在探讨、交流、学习这些内容。这就是知识本身的趣味性。又如前些年特别火爆的科普图书《时间简史》，是著名理论物理学家霍金写的，其译本在全国上了各大图书热销榜，也有非常多的人购买，有给自己看的，有给自己孩子看的。拿到书的人也都很认真地阅读。笔者与很多看过该书的人交流，看懂的基本没有，但就是都很喜欢看。这种引导公众热烈追捧学习的吸引力，就是科技资源本身的趣味性。

3．易懂性

从科普的角度审视科技资源，易懂性就是科技资源蕴含的知识、方法、精神是否能够通过简单降维被公众理解和学习。虽然都是科学知识，但是不同学科的或者是应用了不同学科知识的难度是不一样的。如果应用了非常深奥难懂的理论，那么降维的难度就非常大，易懂性就较差，如果应用的都是简单的基础性科学知识，那么降维的难度就会小很多，易懂性就会好很多。例如，同样做了一个大气处理的装置，如果知识应用的是过滤和吸附等基础物理方法，那么在公众学习中就比较好理解，易懂性就好，但是如果应用的是光解、紫外等方法，涉及物质转换分解，那么在介绍和学习中，易懂性就会差很多。因为吸附的原理和现象平时就常见，好理解，而光解看不见、摸不到，平时也很少见到这类现象，理解起来难度就会非常大。

4．社会关联性

社会关联性主要指从社会发展的角度来看，从主动传播者的角度来衡量资源内容与公众生产生活的关联性，是否需要进行传播普及。一般是主动传播者来判断或者是科学传播强势一方来提出内容是否要进行传播，一般情况下，无论接收方是否认可、是否愿意，传播方都会进行灌输性的传播。

5．科普属性分类方法

从关联的角度，科普属性可以分为与我有关、与我无关、与我无关但是我感兴趣三类；从接受的角度，科普属性可以分为主动接受和被动接受两类。上述框架内，又可以进一步从学习的难易程度、掌握的难易程度、知识的趣味性等方面，对环境科技资源的科普属性进行初步的分类，详见表3-1。

表 3-1　科普属性分类

接受角度	关联角度	易懂性	趣味性		
被动接受	与我有关	学习难度大	高	中	低
		学习难度适中	高	中	低
		容易学习	高	中	低
	与我无关	学习难度大	高	中	低
		学习难度适中	高	中	低
		容易学习	高	中	低
	与我无关但是我感兴趣	学习难度大	高	中	低
		学习难度适中	高	中	低
		容易学习	高	中	低
主动接受	与我有关	学习难度大	高	中	低
		学习难度适中	高	中	低
		容易学习	高	中	低
	与我无关	学习难度大	高	中	低
		学习难度适中	高	中	低
		容易学习	高	中	低
	与我无关但是我感兴趣	学习难度大	高	中	低
		学习难度适中	高	中	低
		容易学习	高	中	低

通过对前述概念的分析，我们可以梳理出如下结论：

第一，科技资源与科普资源从其核心资源来讲（人、知识、经费、设施、场地），无法简单地进行区分。科技资源与科普资源的差别更多在于其资源的存在形式和使用目的（或者可以叫作运行规则）。

第二，正是因为科技资源和科普资源可以理解为同一资源在不同领域的不同存在形式或状态，才有了"科技资源科普化"的理论基础和可能。

第三，由于科技资源和科普资源的使用目的差别异常大，是两个完全不同的领域，因此，科技资源和科普资源的存在形式、表达方式、使用途径等存在与生俱来的不同。科普化的过程就是将科技资源形式存在的知识、精神、方法和以物质形式存在的设备、场所等进行状态改变。

第四，现阶段科普化的主要工作和难点集中于科学知识、精神和方法的转化。

第五，科普资源与科技资源转化的对应关系基本上可以通过表 3-2 来体现。

表 3-2　科普资源与科技资源转化对应关系

科技资源	转化方向	科普资源	科普化机制
科技人力	科技人员培养成科普人员	科普人才	科普化机制建议
科技物力	设备、场地	科普展项、科普场地	
科技财力	无法转化	一定比例的经费用于科普事业发展	
科技信息 科技成果	蕴含的知识、方法、精神和科学事实	转化成各种科普素材和各种形式的传播作品	科普化考核的主要内容

（四）环境科技资源科普化判定方法

1. 可行性判定的内涵与指标

科普化可行性是从操作层面衡量科技资源转化为科普内容的难度，毕竟不是所有的内容都能够科普化，强行科普化的结果也不能达到科普的真正目的。可行性主要是从知识转化的角度出发，衡量知识结构过程和"立体化"过程的综合难度，以及知识本身的晦涩（趣味）性。

成果科普化可行性=知识转化难度（知识转化难度×知识网络复杂度×适度年龄）×形式转化难度×趣味性。根据各指标系数对照的数值进行计算，可行性数值越小，其可行性越差。

2. 知识转化难度的衡量与内涵

知识转化难度可从三个方面来衡量，第一个方面即知识化难度，即科技成果本身抽离出"知识"的难度（依据国家级、部门级、社会公共级等对科技资源加以分类；在国家级科技资源中，又依据国家战略发展需要，区分为保密和非保密两大类，对于保密级的科技资源由国家有关部门统一管理，不能进行共享，也不能进行科普化处理；对于非保密级的科技资源，也要依据技术上的保密需要加以区别对待）。第二个方面是知识网络复杂度，即理解抽离出的知识需要的基础知识领域、层次等。第三个方面是适度年龄，是从人类学习发展的角度来衡量相关内容适合哪个年龄段的公众学习和了解，这个年龄段的公众是否能够理解。

如表 3-3 所示，科普内容的第一个判定指标为保密级别，从严格意义上讲，在保密期的保密内容是不能够向社会公布的。而非保密级的技术内容，根据保密需要的细分，可以进行传播的内容也是不同的，这个指标可以作为判定传播重点的一个指标，即保密级别高，则传播的重点为科学精神和科学方法；保密级别较低，则可以适当地进行科学事实、过程和结论的传播。

表 3-3　保密级别对照表

保密级别	系数范围（0.1～1）
保密	0.1～0.5
非保密（依据保密需要进行细分）	0.6～1

如表 3-4 所示，知识化难度系数与知识的创造性是相辅相成的，新的知识和理论总是需要在一定程度上打破原有的知识体系进行再次学习和架构，因此其难度最大。

表 3-4　知识化难度系数对照表

知识化难度	系数范围（0.1～1）
产生新的技术模型	0.1～0.4
基于既有理论，产生新的知识	0.4～0.7
没有新知识产生，均使用既有理论	0.8～1.0

如表 3-5、表 3-6 所示，根据对知识架构的需求和年龄层的划分，可以较为详细地理解知识科普化的可行性难度，年龄比较小和比较大都是科普中学习知识较为困难的阶段，年龄较小对于知识的理解能力有限，年龄较大对于新知识的学习有各方面的限制和抵触，所以中间层对知识的学习和理解更加容易。这两个系数表同时也反映了不同的知识更适合哪类人群和哪个年龄段来学习。

表 3-5　知识网络复杂度系数对照表

知识网络复杂度	系数范围（0.1～1）
专业研究者	0.1
交叉学科多项专业理论	0.2
交叉学科理论	0.3
对某专业理论模型理解	0.4
专业从业者	0.5

知识网络复杂度	系数范围（0.1～1）
大学专业课理论	0.6
大学基础理论	0.7
高中及以下相关理论	0.8
初中及以下相关理论	0.9
小学理论	1

表 3-6　适度年龄系数对照表

适度年龄	系数范围（0.1～1）
0～6	0.1～0.2
6～12	0.2～0.3
12～18	0.2～0.4
18～35	0.6～0.8
35～50	0.6～1.0
50 以上	0.4～0.6

3．形式转化难度的衡量与内涵

形式转化难度主要是考察相关内容"产品化"的难度，即将平面的知识立体化表现的难度，包括转化为图、漫画、动画、视频、模型等的难度。不难理解，抽象内容的演示难度将非常大（表 3-7）。

表 3-7　形式转化难度系数对照表

形式转化难度	对应系数（0.1～1）
非常抽象	0.1～0.3
抽象	0.3～0.7
具象	0.8～1

4．可行性中趣味性指标的衡量与内涵

在上述衡量的基础上，科普与学校教学的另外一个区别在于趣味性，即是否能够吸引公众来主动学习。因此在上述衡量的基础上，我们再增加一个趣味性的维度，从三个维度来对科普化的水平进行综合评价（表 3-8）。

表 3-8　趣味性系数对照表

趣味性	对应系数（0.1~1）	作品形式
极其枯燥、难懂	0.1	立体
枯燥、难懂	0.2~0.3	↓
趣味性较强	0.4~0.5	
趣味性强	0.6~0.7	
趣味性很强	0.8~1	平面

　　趣味性指的是从要被科普转化的内容内核角度来分析其是否有"趣"，即是否能够引起"人"学习的主动性。作为一种非常枯燥的内容，其转化的可行性是要打折扣的，需要从形式等其他方面做工作来提升其趣味性，形式上提高其"阅读"的可能性。也就是说，趣味性的指标，反过来对应的就是作品的形式的选择。在有限的资源、精力和经费的情况下，趣味性差，需要通过立体化的表现形式来弥补。

5. 科技成果科普化的必要性判定

　　必要性从知识本身的需求度出发，评判知识本身被转化成科普内容的需求强度。主要包括了社会经济发展需求、个人生存发展需求、精神文化需求。

　　社会经济发展需求是从宏观层面来评判，相关内容在社会经济发展中是否有推动作用，其产生的社会发展影响是否需要公众来了解、知晓，以便提高公众对相关政策、制度设计以及社会环境发展现状的理解和支持。

　　个人生存发展需求是从微观层面来评判，从相关内容对个人健康、日常生活、工作、处理个人事务是否有帮助，是否有助于提升个人生活质量、健康水平等角度来衡量其与公众生活的相关性，进而转化成为其进行科普转化的必要程度。

　　精神文化需求是从精神层面出发，评判相关内容是否能够满足公众精神文化层面的需求，有助于提高公众的精神文化生活水平，提升个人素质。

　　　转化的必要性=社会经济发展需求×个人生存发展需求×精神文化需求

　　如表 3-9 所示，必要性是三个需求的综合衡量结果，表中列举了一项科技成果及其周边所能包含的几个重要方面，每项科技成果的各项内容的转化必要性是需要进行单独衡量打分的。

表 3-9　转化必要性系数表

序号	科技成果	需求度描述	社会经济发展需求	个人生存发展需求	精神文化需求
1	概念	不需要		0.1～0.2	
2	理论				
3	技术内容	可能需要		0.3～0.4	
4	历史发展				
5	最新成果	一定需要		0.5～0.6	
6	发展趋势				
7	技术作用	必须了解		0.7～0.8	
8	研究意义				
9	科学思想	非常重要		0.9～1.0	
10	科学方法				

6. 环境科技资源的科普化综合判定

科普化程度的判定，即知识抽象性判定、知识可视化判定、知识面向人群判定等环节，是确定最终科普化程度的判定方法。

科研是深入，科普是浅出，这个说法的观点是对科普的否定，科普同样是一种深入，是另外一个维度与科研平行的深入。如果将科研成果比作一篇晦涩难懂的论文，那么初级的科普就是给论文全文标注上拼音，让读不下来的人能够通篇读下来；中级的科普就是给全文添加旁白和注解，帮助读者来理解文章内容；高级的科普，是在论文背面重新写一篇论文，不需要读原来的论文，就能够学习理解科技论文的内容，而且读完后，还能够吸引读者去攻读科技论文的原文，加深对科技成果的理解。也就是说，科技成果科普化，想要进入"化"境，从科技成果出发，需要至少经过三个阶段：拼音标注阶段——初级阶段，注解阶段——中级阶段，跳脱科技论文原文阶段——高级阶段。这三个阶段的文字分别对应着严谨的—朴素的但可以理解的—生活的、活泼的。同样的，其形式也对应不同。以上均可从表 3-10 中对照分析体会。

此处转化阶段的判断由必要性指标和可行性指标的综合指标来决定，必要性指标高，可行性指标比较低。

表 3-10　科普化程度对照方法

区域	作品转化阶段	作品对应形式	作品要求
落在第一区域，说明内容的公众需求性较好，但是内容对于公众来讲，比较枯燥，不易理解。缺少趣味性	初级阶段	图表 科普文章 演示动画 实物模型	朴素、严谨、如实反映科学事实，给予一定的解释与注解
落在第二区域，其必要性较好，内容也有非常好的趣味性。作品可以较好地兼顾内容与形式，是目前科普工作创作的主要核心部分	中级阶段	图书 视频作品 动漫产品 展具模型	可理解、可接受。同时不失严谨
这个区域的内容，其趣味性较强，作品形式更加偏重于文学性创作，以提高学习娱乐性为主	高级阶段	动画 游戏 电影电视作品 文学作品	文学的、生活的、趣味的

7. 科普化综合指标图解及科普化程度对照方法

详见图 3-1、表 3-10。

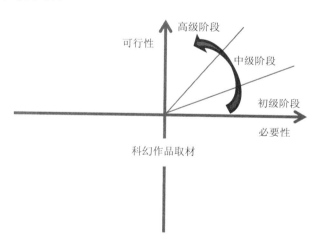

图 3-1　科普化综合指标图解（以科幻作品为例）

（五）科技资源科普化典型资源示范

选择 10 项获得过环境保护科学技术奖一等奖的研究项目成果，开展环境科技成果科普化机制示范研究（表 3-11）。由示范项目，依据《典型环境科技资源科普化开发指南》的操作流程，围绕基本素材提炼、科普文章撰写和动画、视频、挂图演示等成品开发，形成 30 套成果科普化示范材料。

表 3-11　重点示范项目及转化形式列表

序号	项目名称	获奖年份
1	环境健康调查	2015
2	垃圾渗沥液处理技术	2015
3	燃煤锅炉氮氧化物产生机理	2015
4	生态补偿机制	2015
5	湖泊底质研究	2015
6	钨钼冶金污染末端治理技术研究	2016
7	水体环境重金属风险评估理论、技术与应用	2016
8	电化学去除技术	2016
9	垃圾渗滤液处理政策	2016
10	页岩钒清洁生产	2016

典型科普成品形式开发示范，重点围绕动画、漫画、视频等艺术载体形式，从载体形式的全面性、表现手段的多样性、亲民性和可塑性、覆盖人群的广泛性等方面，结合动画、漫画和微视频在讲述与介绍科学原理和过程的优势，研究不同载体形式与环境科普资源的结合点与典型创作模式，以环保工作重点和公众关注热点为主题，围绕土壤和地下水、环境噪声、持久性有机污染物、环境与健康等领域开展环境科普资源设计开发，创作一套针对青少年的环境科普漫画图书（10 本）。

1. 科普化可行性判定结果

重点示范项目的可行性判定结果如表 3-12 所示（均按照主流年龄人群来计算）。

表 3-12　重点示范项目科普化可行性判定结果

序号	项目名称	知识转化难度			形式转化难度	趣味性	判定总分
		知识化难度	知识网络复杂度	适度年龄（单独计算）			
1	环境健康调查	0.8	0.8	0.8	0.6	0.5	0.72
2	垃圾渗沥液处理技术	0.6	0.6	0.6	0.8	0.6	0.864

序号	项目名称	知识转化难度			形式转化难度	趣味性	判定总分
		知识化难度	知识网络复杂度	适度年龄（单独计算）			
3	燃煤锅炉氮氧化物产生机理	0.5	0.5	0.4	0.5	0.5	0.35
4	生态补偿机制	0.7	0.7	0.8	0.8	0.5	0.88
5	湖泊底质研究	0.6	0.6	0.4	0.6	0.6	0.576
6	钨钼冶金污染末端治理技术研究	0.2	0.4	0.2	0.3	0.3	0.09
7	水体环境重金属风险评估理论、技术与应用	0.3	0.3	0.2	0.2	0.2	0.032
8	电化学去除技术	0.5	0.5	0.4	0.5	0.6	0.42
9	垃圾渗沥液处理政策	0.6	0.6	0.6	0.8	0.6	0.864
10	页岩钒清洁生产	0.5	0.4	0.2	0.5	0.5	0.275

2. 科普化必要性判定结果

详见表 3-13。

表 3-13　重点示范项目科普化必要性判定结果

序号	项目名称	社会经济发展需求	个人生存发展需求	精神文化需求	判定总分
1	环境健康调查	0.9	0.7	0.8	0.504
2	垃圾渗沥液处理技术	0.6	0.7	0.6	0.252
3	燃煤锅炉氮氧化物产生机理	0.5	0.5	0.4	0.1
4	生态补偿机制	0.8	0.8	0.8	0.512
5	湖泊底质研究	0.5	0.6	0.6	0.18
6	钨钼冶金污染末端治理技术研究	0.6	0.2	0.1	0.012
7	水体环境重金属风险评估理论、技术与应用	0.7	0.3	0.2	0.042
8	电化学去除技术	0.5	0.6	0.5	0.15
9	垃圾渗沥液处理政策	0.6	0.7	0.6	0.252
10	页岩钒清洁生产	0.7	0.3	0.5	0.105

3．科普化综合性判定结果

详见图 3-2。

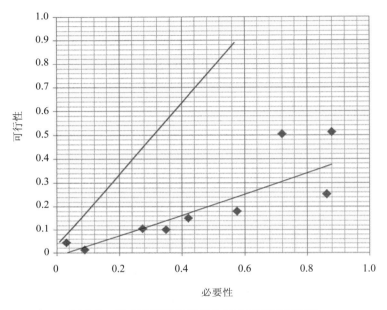

图 3-2　重点示范项目科普化综合判定结果图解

4．科普化成果列表

详见表 3-14。

表 3-14　科普化成果列表

序号	项目名称	获奖年份	拟转化形式
1	环境健康调查	2015	基础素材、动画
2	垃圾渗沥液处理技术	2015	挂图
3	燃煤锅炉氮氧化物产生机理	2015	动画
4	生态补偿机制	2015	挂图、基础素材
5	湖泊底质研究	2015	基础素材、微视频
6	钨钼冶金污染末端治理技术研究	2016	不适合转化
7	水体环境重金属风险评估理论、技术与应用	2016	不适合转化
8	电化学去除技术	2016	科普文章、动画
9	垃圾渗沥液处理政策	2016	挂图
10	页岩钒清洁生产	2016	基础素材、微视频

二、环保科普作品评价

（一）环保科普作品分类

环保科普作品依据内容形式可分为文字类、图画类、报刊类、影视类和体验类五大类（表3-15），其中文字类主要包括文字为主体的科普图书、科普短文（如博文）等；图画类主要包括以图画为主体的科普图书（如漫画书、连环画）、挂图等；报刊类涵盖文章和图画（如漫画），呈周期出版，应单独分类；体验类强调参与性和互动性，如科学玩具、科普游戏等。

表 3-15　环保科普作品综合分类表

环保科普作品	属性	举例
文字类环保科普作品	讲述体	知识性科普文、实用科技读物、科技新闻、科普演讲词
	文学体	科学散文、科学家传记、科学小说、科学童话、科学童谣（儿歌）、科学诗（词、赋）、科学故事、科学寓言
图画类环保科普作品	艺术体	科技图画（如挂图）、科学漫画、科幻图画、科学摄影、科学雕塑
报刊类环保科普作品	兼讲述体、文学体和艺术体	科普报纸、科普期刊、科普杂志
影视类环保科普作品	文艺体	科普电视、科普电影、科学动画
体验类环保科普作品		科学玩具、科普游戏

环保科普作品依据创作体裁分为讲述体、文学体和艺术体三大类，其中文学体和艺术体合称"文艺体"，文字类、报刊类既有讲述体，也有文艺体，如环境辞典属于典型的讲述体，环境科学小说属于典型的文学体，环境科普漫画属于典型的艺术体；报刊中的科普文章既有讲述体也有文学体，图画则属于艺术体。

1. 讲述体

通过通俗的讲解、叙述来传播环境科技知识或应用技术，行文平铺直叙，要求叙述深入浅出、引人入胜，也强调文学性和艺术性，但不属于任何文学体裁。

2. 文学体

寓环境科技于文学之中，形式日益丰富。文学体裁通常分为诗歌、散文、小说和戏剧，环境科普文学作品可以采用丰富的文学体裁，包括环境科学散文、环境科学家传记、环境科学小说和科幻小说、环境科学童话和童谣、环境科学诗、环境科学故事、环境科学寓言等，相关研究还很匮乏。

3. 艺术体

寓环境科技于艺术之中，形式也非常丰富。艺术通常分为表演艺术（音乐、舞蹈）、造型艺术（绘画、雕塑）、语言艺术（文学）和综合艺术（戏剧、电影）。环境科普艺术作品包括环境科普文艺演出、环境科普影视、环境科普广播、环境科普美术。

环保科普作品最常见的媒介形式包括科普图书、科普挂图和音像制品等，实际评价应用中，应结合环保科普作品的常见媒介形式和分类方式，进一步细致划分和归类（表 3-16）。

表 3-16　环保科普作品分类

科普作品	属性	举例
图书类环保科普作品	讲述体	知识性科普图书、实用科技读物
	文学体	科学散文集、科学家传记、科学小说、科学童话、科学童谣（儿歌）、科学诗（词、赋）集
	艺术体	科普漫画书、科普摄影集
图画类环保科普作品	艺术体	科技图画（如挂图）、科学漫画、科幻图画、科学摄影、科学雕塑
报刊类环保科普作品	兼讲述体和文艺体	科普报纸、科普期刊、科普杂志
影视类环保科普作品	文艺体	科普电视、科普电影、科学动画
其他类		宣传册、折叠册等

"图书"具有广义和狭义之分，新闻出版总署于 2008 年发布实施的《图书出版管理规定》中"图书"包括书籍、地图、年画、图片、画册，含有文字、图画内容的年历、月历、日历，以及由新闻出版总署认定的其他内容载体形式，显然本书中的"科普图书"是指狭义的图书。

科普挂图是以一定的科技内容为选题的连续或系列的科技图画，通常为纸型印刷品，主要通过图画和照片更直观、更形象地表现，文字只是图画的辅助说明，一般每幅挂图的文字不超过 1 000 字，规格为大对开（600 mm×900 mm）、128 g 铜版纸。除了系列挂图，系列科学漫画也归为图画类环保科普作品，这一类作品多为非正式出版物，而正式出版的漫画书和连环画也属于图画类作品，但其发行和传播形式与科普挂图、科学漫画（单幅漫画或小系列漫画，不足以正式集册出版）迥异，传播效果也大不相同，因此在科普图书中单独列为一类。

除了科普图书、少部分挂图、报刊、部分影视作品属于正式出版物，常见的环保科普作品中还存在大量的非正式出版物，如宣传册、折叠册、部分挂图，在环保科普日常工作中也发挥了重要作用。

（二）环保科普作品评价原则

1．分类评价

环保科普作品具有科学性、思想性和艺术性三大共性，但由于作品形式多样、属性各异，评价标准也应有所区别和偏重。如环保科普图书中包括科普漫画图书，与以文字为主体的图书差别显著，在作品评价中首先应归为不同的类别。同时，原创作品与翻译作品的创作规律各异，评价时也应区分开来。同主题同载体形式但读者对象不同，如针对未成年人、农民、社区居民、城镇劳动者、公务员等不同人群，环保科普创作的规律也有差异，评价时也应有所体现。科普作品质量是首要评价对象，综合评价时还应酌情纳入营销评价和效果评价。

2．定性与定量评价相结合

定量化评价可以降低人的主观性，但千变万化的环保科普作品难以完全凭借量化指标进行评价，因此需要采用定性与定量相结合的综合评价，全面考虑评价的科学性和可操作性。

3．关键指标一票否决

环保科普作品需遵循相关的法律法规（如《出版管理条例》《著作权法》）、出版行业规范（如图书编校质量要求差错率不超过 1/10 000）、互联网行业规范（如网络环保科普作品不能含有计算机病毒和其他不良程序）以及重要的质量影响因素（如互联网作品要求任何屏幕分辨率下都必须正确呈现），这些关键指标实行一票否决。

4．选择评测与完全评测

环保科普作品形式多样、数量庞大，除非非常简短（如 3～5 分钟的科普动画，10

幅以内的科普漫画），或富有重大争议，或非常优秀，评价过程中一般不可能要求评审专家在评价每项指标时都把每部作品从头浏览到尾，尤其是数万字的科普著作和时长数小时的科普影视。这就要求采用选择评测的方式，所选择的知识点不得少于总数的1/5，有针对性地选择关键知识点；若无特殊针对性，则随机选择知识点，并要求均匀覆盖作品的所有章节。但对于思想政治性等重要指标和敏感性问题，必须采用完全测评，即要求每部作品必须至少被通读一遍，不得含有违反国家相关政策法律规定和不合时宜的内容。

5. 独立评测

定性评测依赖于评审专家的主观判断，为了减少相互影响和提高公正性，可酌情采用独立评测，即每位评审专家独立开展评价，最后以综合结论为评测依据。

（三）环保科普作品综合评价指标体系

科普作品质量评价以科学性、思想性、艺术性三项为基础指标，文学体科普作品更注重文学性，艺术体科普作品更注重艺术性，而影视作品需同时注重文学性和艺术性。优秀的科普作品融科学性、思想性、艺术性于一体，科学与文学和艺术完美结合，不仅揭示出科学的自然之美，还能揭示出科学家的人性之美，或以奔放的哲思和批判的笔触警示世人、嘲弄无知、饱含人文关照。下面主要以环保科普图书为例，对各项指标加以说明。

科普图书首先需达到政治正确性、版权明晰性、文法正确性、版面设计和装帧印刷等入围指标。我国图书出版需遵循《产品质量法》《著作权法》《计量法》《出版管理条例》《著作权法实施条例》《印刷业管理条例》《图书出版管理规定》《图书质量管理规定》《图书质量保障体系》《出版物汉字使用管理规定》《国家标准标点符号用法》《中国标准书号》《版面格式规范》等各项政策、法规、标准和行业规范的相关规定，图书内容、编校、设计和印刷等均达到合格水平，并依法取得标准书号；图书的知识产权清晰，符合《著作权法》的有关规定；图书出版单位须经出版管理部门批准，并取得图书出版许可证。

环保科普图书推荐指标主要是围绕图书版面设计和装帧印刷的环保理念展开，如鼓励和提倡双面印刷和再生纸印刷，尽量减少纸张的空白面积和提高纸张印刷的利用率，达到《环境标志产品技术要求　印刷》（HJ 2503—2011）的相关技术规定，充分体现绿色印刷的环保理念。

科普图书竞优指标是内容质量评价的核心指标，包括科学性、思想性、通俗性、趣味性、文学性、艺术性、时代性和创新性。

（四）典型环保科普作品质量综合评价指标

1. 基础知识类环保科普图书质量评价指标

基础知识类环保科普图书以讲述环境科学知识为核心，着重介绍环境科学的基本理论和事实，同时也主张调动作品的可读性和趣味性等（表3-17）。

表3-17　基础知识类环保科普图书质量评价指标体系

一级指标	二级指标及释义
综合评判	环保主题鲜明，关注社会焦点、热点，符合时代精神和发展态势，具有环境科技传播与普及的普遍价值
	A-强烈推荐　　B-推荐　　C-或然推荐　　D-排他（过度争议或跨界）
分项评判	
C1 科学性	C11 科学价值　引领正确的科学价值，蕴含科学思维、科学怀疑或反思
	C12 严谨性　知识表述准确、客观，判断得当，推理合乎逻辑，尊重科学原理、规律和事实，概念清晰，无常识性错误
C2 原创性	注重主题呈现的原创性（而非知识的原创性）和作品意念、意境、谋篇布局的独特性，具有独立见解、独到阐述和独家趣味
C3 普及性	C31 可读性　注重科学与人文关怀的结合、历史与现实关照的结合、文章境界与文字优雅的结合，避免使用过多的专业术语和抽象概念
	C32 通俗性　注重深入浅出，利用浅显的文字、浅近的道理阐述深奥的环保知识和理念，注重图文互参
C4 适用性	C41 现实性　关注现实，关注环保热点、焦点问题
	C42 实用性　对现实困惑具有解疑作用和指导意义
	C43 针对性　读者定位恰当
C5 出版指标	版面和谐，设计精美，差错率低于国家标准
	译著类附加指标：版权手续齐全，译文信达雅

2. 科学文化类环保科普图书质量评价指标

科学文化类环保科普图书主要阐述环境科学的本质和特性，以及环境与社会文化的关系，反映人文研究的新观念、新视角，注重增强公众参与环境保护的意识与能力（表3-18）。

表 3-18　科学文化类环保科普图书质量评价指标体系

一级指标	二级指标及释义
综合评判	环保主题鲜明，关注社会焦点、热点，符合时代精神和发展态势，鼓励自主原创，具有环境科技传播与普及的普遍价值
	A-强烈推荐　　B-推荐　　C-或然推荐　　D-排他（过度争议或跨界）
分项评判	
C1 思想性	C11 观念反思　对环境与人类的命运有哲学、伦理、历史反思与批判
	C12 价值建构与启迪　塑造环境理念与环境意识，完成理论自洽
	C13 价值输送　注重环境文化、价值和知识体系的公众理解与传播
C2 科学性	知识表述准确、客观、辩证，判断得当，推理合乎逻辑，尊重科学原理、规律和事实，概念清晰，无常识性错误
C3 原创性	注重文章意念、意境、谋篇布局的独特性，具有独立见解、独到阐述和独家趣味
C4 普及性	C41 可读性　注重科学与人文关怀的结合、历史与现实关照的结合、文章境界与文字优雅的结合，博得心灵震撼和共鸣，避免使用过多的专业术语和抽象概念
	C42 通俗性　注重深入浅出，利用浅显的文字、浅近的道理阐述深奥的环保理念，注重图文互参
C5 适用性	C51 现实性　关注现实，关注环保热点问题
	C52 实用性　对现实困惑具有解疑作用和指导意义
	C53 针对性　读者定位恰当
C6 出版指标	版面和谐，设计精美，差错率低于国家标准
	译著类附加指标：版权手续齐全，译文信达雅

3. 文学创作类环保科普图书质量评价指标

文学创作类环保科普图书是环境科学与文学的结合，强调文学性（表 3-19）。

表 3-19　文学创作类环保科普图书质量评价指标体系

一级指标	二级指标及释义
综合评判	环保主题鲜明，关注社会焦点、热点，符合时代精神和发展态势，具有环境科技传播与普及的普遍价值
	A-强烈推荐　　B-推荐　　C-或然推荐　　D-排他（过度争议或跨界）
分项评判	
C1 文学性	C11 文学叙事　立意独特、故事原创、情节曲折
	C12 文笔与趣味　文笔优美，趣味高雅
C2 科学性	C21 科学价值　引领正确的科学价值，蕴含科学思维、科学精神、科学怀疑或反思

一级指标	二级指标及释义
C2 科学性	C22 环境意识　合理认识人与自然的关系，具有环境意识觉醒和行为表率
	C23 知识表述　准确、客观，判断得当，推理合乎逻辑，尊重科学原理、规律和事实，概念清晰，无常识性错误
C3 普及性	C31 可读性　注重科学与人文关怀的结合、历史与现实关照的结合、文章境界与文字优雅的结合，避免使用过多的专业术语和抽象概念
	C32 通俗性　注重深入浅出，利用浅显的文学语言阐述环保理念，讲究插图艺术
C4 适用性	C41 现实性　关注现实，关注环保热点问题
	C42 实用性　对现实困惑有解疑作用和启发意义
	C43 针对性　读者定位恰当
C5 出版指标	版面和谐，设计精美，差错率低于国家标准
	译著类附加指标：版权手续齐全，译文信达雅

4. 美术类环保科普作品质量评价指标

美术类环保科普作品是环境科学与艺术的结合，强调艺术性（表 3-20）。

表 3-20　美术类环保科普作品质量评价指标体系

一级指标	二级指标及释义
综合评判	环保主题鲜明，关注社会焦点、热点，符合时代精神和发展态势，具有环境科技传播与普及的普遍价值
	A-强烈推荐　　B-推荐　　C-或然推荐　　D-排他（过度争议或跨界）
分项评判	
C1 艺术性	C11 独创性　注重艺术原创，讲究意念、意境、趣味出新
	C12 可视性　注重画面境界与文字优雅的结合
C2 科学性	C21 科学价值　引领正确的科学价值，蕴含科学思维、科学精神、科学怀疑或反思
	C22 环境意识　合理认识人与自然的关系，具有环境意识觉醒和行为表率
	C23 知识表述　准确、客观，判断得当，推理合乎逻辑，尊重科学原理、规律和事实，概念清晰，无常识性错误
C3 普及性	注重深入浅出，利用浅显的艺术语言阐述环保知识或理念
C4 适用性	C41 现实性　关注现实，关注环保热点问题
	C42 实用性　对现实困惑有解疑作用和指导意义
	C43 针对性　读者定位恰当
C5 出版指标	画面和谐，设计精美，差错率低于国家标准
	译著类附加指标：版权手续齐全，译文信达雅

5．纪录类环保科普影视质量评价指标

纪录类环保科普影视是环境科教影视的最常见形式，素材来源有理有据，强调纪实和可信度（表 3-21）。

表 3-21　纪录类环保科普影视质量评价指标体系

一级指标	二级指标及释义
综合评判	环保主题鲜明，生活真实，关注社会焦点、热点，符合时代精神和发展态势，具有环境科技传播与普及的普遍价值
	A-强烈推荐　　B-推荐　　C-或然推荐　　D-排他（过度争议或跨界）
分项评判	
C1 艺术性	C11 纪实性　生活真实，不得虚构、杜撰和伪造
	C12 独创性　注重艺术原创，讲究意念、意境、趣味出新
	C13 审美性　清晰流畅，镜头画面、声音、解说词等艺术表现形式与内容境界相统一
C2 科学性	C21 科学价值　引领正确的科学价值，蕴含科学思维、科学精神、科学怀疑或反思
	C22 环境意识　合理认识人与自然的关系，具有环境意识觉醒和行为表率
	C23 知识表述　准确、客观，判断得当，推理合乎逻辑，尊重科学原理、规律和事实，概念清晰，无常识性错误
C3 普及性	C31 可视性　注重科学与人文关怀的结合、历史与现实关照的结合、画面与声音优雅的结合，避免使用过多的专业术语和抽象概念
	C32 通俗性　注重深入浅出，利用浅显的艺术语言阐述环保知识或理念
C4 适用性	C41 现实性　关注现实，关注环保热点问题
	C42 实用性　对现实困惑有解疑作用和指导意义
	C43 针对性　读者定位恰当
C5 技术指标	编辑制作水平高，差错率低于国家标准，便于播放
	译制类附加指标：版权手续齐全，译文和配音信达雅

6．动画类环保科普影视质量评价指标

动画的源头是漫画和叙事的连环画，自然地具有教育特性，科普动画作品是青少年喜闻乐见的形式。数字手段只是一种创作手段，本身与动画并不等同，尤其在合成作品中更为突出。判断动画的基本特征是其造型的意指性及其语境（表 3-22）。

表 3-22　动画类环保科普影视质量评价指标体系

一级指标	二级指标及释义
综合评判	环保主题鲜明，关注社会焦点、热点，符合时代精神和发展态势，具有环境科技传播与普及的普遍价值
	A-强烈推荐　　B-推荐　　C-或然推荐　　D-排他（过度争议或跨界）

分项评判

C1 艺术性	C11 创意性　注重艺术原创，讲究意念、意境、趣味出新
	C12 审美性　清晰流畅，镜头画面、声音、台词等艺术表现形式与内容境界相统一
C2 科学性	C21 科学价值　引领正确的科学价值，蕴含科学思维、科学精神、科学怀疑或反思
	C22 环境意识　合理认识人与自然的关系，具有环境意识觉醒和行为表率
	C23 知识表述　准确、客观，判断得当，推理合乎逻辑，尊重科学原理、规律和事实，概念清晰，无常识性错误
C3 普及性	C31 可视性　注重科学与人文关怀的结合、历史与现实关照的结合、画面与声音优雅的结合，避免使用过多的专业术语和抽象概念
	C32 通俗性　注重深入浅出，利用浅显的艺术语言阐述环保知识或理念
C4 适用性	C41 现实性　关注现实，关注环保热点问题
	C42 实用性　对现实困惑有解疑作用和指导意义
	C43 针对性　读者定位恰当
C5 技术指标	编辑制作水平高，差错率低于国家标准，便于播放
	译制类附加指标：版权手续齐全，译文和配音信达雅

7. 剧情类环保科普影视质量评价指标

剧情类环保科普影视是将环境科学融入故事情景之中，增强了趣味性（表 3-23）。

表 3-23　剧情类环保科普影视质量评价指标体系

一级指标	二级指标及释义
综合评判	环保主题鲜明，关注社会焦点、热点，符合时代精神和发展态势，具有环境科技传播与普及的普遍价值
	A-强烈推荐　　B-推荐　　C-或然推荐　　D-排他（过度争议或跨界）

分项评判

C1 艺术性	C11 创意性　注重艺术原创，故事新颖、情节曲折，讲究意念、意境、趣味出新
	C12 审美性　清晰流畅，镜头画面、声音、台词等艺术表现形式与内容境界相统一
C2 科学性	C21 科学价值　引领正确的科学价值，蕴含科学思维、科学精神、科学怀疑或反思
	C22 环境意识　合理认识人与自然的关系，具有环境意识觉醒和行为表率
	C23 知识表述　准确、客观，判断得当，推理合乎逻辑，尊重科学原理、规律和事实，概念清晰，无常识性错误
C3 普及性	C31 可视性　注重科学与人文关怀的结合、历史与现实关照的结合、画面与声音优雅的结合，避免使用过多的专业术语和抽象概念
	C32 通俗性　注重深入浅出，利用浅显的艺术语言阐述环保理念
C4 适用性	C41 现实性　关注现实，关注环保热点问题
	C42 实用性　对现实困惑有解疑作用和指导意义
	C43 针对性　读者定位恰当
C5 技术指标	编辑制作水平高，差错率低于国家标准，便于播放
	译制类附加指标：版权手续齐全，译文和配音信达雅

三、环保科普基地建设与评估

（一）环保科普基地的内涵

环保科普基地是环境科学知识的传播中心，环保科普基地的工作是在结合自身优势和特点的基础上，将环境科学内容作为知识传播的重点，并以特殊的语言方式表达出来（包括展览、活动等），以达到传播环境科学知识、科学理念和科学精神的目的。环保科普基地并非只是一座科普展览场馆或是一块科普专用场地，而应该是一个集科普研究、展览展示、知识传播、资源开发和活动组织于一体的综合公益机构。其建立与发展是社会发展和提升全民环境科学素质的需要，环保科普基地的存在和发展是对整个环保事业的重要贡献。

1. 环保科普基地的意义

环保科普基地的重要意义不仅仅在于其是开展环保科普工作的重要场所、课外教育的重要补充，更在于其是对公众开展终身环保科学教育的重要场所。环保科普基地与其他形式的科普资源相比，具有直观、形式多样、内容丰富等优势，具有专业性和普及性并重的特征。环保科普基地的展示形式与传递的知识内容更加贴近生活、贴近公众，其互动性与参与性更能启发观众的情趣和灵感，可以达到很好的知识传播效果。

与其他行业科普基地相比，生态环境系统并没有完善的各级各类专业场馆（场地）作为支撑，例如，原国土部门有"地质博物馆"和"地质公园"，林业部门有"自然保护区"、"植物园"和"动物园"，科技部门和科协有"科技馆"等，气象部门有各级各类"气象站点"，天文观测部门有"天文馆"等，这些专业场馆为公众学习行业科学知识提供了非常重要的途径，但是环境保护本身不宜建立专业的环境保护科学（科技）馆，因为环境保护本身就是一个多学科、多行业交叉的学科，注定在知识传播中要涉及其他学科的知识，或者以其他学科知识为主要背景。因此，为了提高公众环境科学素质，整合社会资源，指导创建以传播环境科学知识为重点的环保科普基地是目前弥补环保科普资源不足、加强完善环保科普基地设施建设的捷径。

2. 环保科普基地的分类与分级

从管理角度出发，环保科普基地可以分为系统内和系统外两类。系统内即基地由生态环境系统内的单位申报创建，归属上级生态环境部门管理；系统外即基地由生态环境系统外的单位申报创建，其隶属关系较为复杂，可以隶属其他政府部门、行业协会、组织等。

从内容角度出发，环保科普基地可以分为专业基地和非专业基地。专业基地即基地整体建设从环保角度出发，核心内容围绕环境保护展开；非专业基地即基地建设并不是围绕环保展开，是从一定的角度切入，将其内容与环境保护进行了有机的结合。

环保科普基地的等级可以分为国家级、省级和省级以下。即由不同级别的主管部门进行命名的环保科普基地。国家级由生态环境部门、科技部门联合命名；省级由生态环境厅（局）、科技厅（局）联合命名；省级以下由市级生态环境部门、科技部门联合命名。

环保科普基地按照其性质、特点分为以下类型：

（1）公共设施类：主要指以面向社会公众开展环保科普知识传播为主要功能，主要展示人与自然和谐相处、生物多样性、环境科技发展成果等内容的科技馆、博物馆、科普园区、活动站等公共场所（馆）。

（2）企业类：实现清洁生产、循环经济的企业；从事核设施及放射性废物处理处置、危险废物处理、城镇污水处理、垃圾无害化处理、城镇自来水生产等的企业或热心环保的企业；生态产业示范园区、生态示范区。

（3）自然保护地类：动植物园、海洋公园、森林公园、自然保护区等具有科普展教功能的自然、旅游等社会公共场所。

（4）科研机构类：主要依托教学、科研、生产和服务等机构，面向社会和公众开放，具有特定科学技术教育、传播与普及功能的场馆、设施或场所，如环保科研院所、环境监测站、监控中心、高等院校、重点实验室和工程技术中心等。

（5）其他类：其他可以向公众开放的具备科普展教功能的机构、场所，如青少年素质教育基地、培训学校等。

（二）环保科普基地评价方法

环保科普基地的评价工作流程包括：自评阶段、推荐单位初审、专家委员会初审、实地考察和终审。

自评阶段是申报单位根据申报要求进行自我考察和评价，在达到不同级别环保科普基地申报要求的基础上决定是否申报，若不能达到申报基本要求，则不再申报，避免增加不必要的行政支出。

推荐单位初审。由省级主管部门根据要求，对本区域上报的材料进行初审，符合要求的则可按照程序上报，主要内容是审查申报单位是否达到申报标准，申报材料是否齐全、规范。

专家委员会初审。待申报结束后，将组织专家委员会全体专家对申报单位进行初审和打分，根据评价指标体系，主要对其基础设施等硬件水平根据材料进行打分排序，按照排序情况，确定进入终审的名单。

实地考察。对进入终审名单的申报单位进行实地考察。考察内容分为两个方面，一是核实其申报材料中内容的真实性；二是重点考察材料中无法体现的指标内容，主要是服务水平和科普工作水平等，进行打分。

终审。专家组根据实地考察情况对初审分数进行核对，同时对其服务类指标进行打分，最终形成申报单位的总分，总分达到标准以上的，原则可以建议授予相应的环保科普基地称号，上报评审工作主管行政部门确认并发布。

（三）国家环保科普基地申报评审指标

申报评审指标体现在申报指南中对不同类别基地的申报要求中（表 3-24）。在科普工作人员的配置、开放时间、固定场地展示面积等方面有着明确的不同。

表 3-24　环保科普基地分类申报指标

一级指标	二级指标	申报要求			
		场馆类	自然保护区	企业	科研院所
基本条件	人员	有专职人员		有兼职人员	
	开放时间	>300 天	>300 天	>100 天	>80 天
	环保科普服务设计	开展了有针对性的服务设计			
	场地设施	>2 000 m²	>2 000 m²	>500 m²	>500 m²
	管理	管理规范		-	
	资金	能够维持正常运转			
设施资源类	环保科普设施	满足向公众开放的各类标准和要求			
	环保科普资源	有环保主题科普资源			
科普活动	活动类	定期开展环保科普活动，有组织大规模环保科普活动的经验和能力			
	成效类	活动在公众中有较高的认可度和知名度，能够覆盖周边的社区、农村			
发展潜力	可持续性	单位的人、财、物等方面资源可持续发展			
	稳定性	基地运行的核心资源：人员和经费基本稳定			
环保关联度		展览展示主题与环境保护息息相关，能够践行环境保护			

如表 3-25 所示，不同类别基地的三级指标权重有所区别，一定程度上取决于专家对不同类别基地评价、考察的重点和要求的差别。然而，不同类别基地的评价体系不仅仅通过权重来区别，即使其权重相同，其评分标准和要求仍然有所区别。

表 3-25　环保科普基地分类评审分值对照表

一级指标	二级指标	三级指标	场馆类			自然保护区			企业			科研院所		
			一级	二级	三级	一级	二级	三级	一级	二级	三级	一级	二级	三级
基本条件	人员	1. 专职科普工作人员数量、结构和素质			4			4			2			2
		2. 兼职科普工作人员数量、结构和素质		9	3		8	2		8	3		8	4
		3. 环保科普解说员（导游）数量			2			2			3			2
	基础服务	4. 开放时间			2			2			2			3
		5. 安全设施			1			2			2			3
		6. 设计接待能力			1			2			1			2
		7. 交通便捷程度			2			3			2			2
		8. 导视与标识系统			2			3			2			3
		9. 游客服务中心		15	1		22	2		15	1		22	1
		10. 专业环保科普解说词			3			3			2			3
		11. 科普游览路线			2			3			2			3
		12. 免费网络（网页）	40		1	49		2	41		1	49		2
	管理	13. 机构设置（体现领导重视）			1			1			1			2
		14. 科普相关制度			1			2			2			1
		15. 档案管理（建立）		4	1		5	1		6	1		5	1
		16. 工作计划与规划			1			1			2			1
	场地	17. 固定展览展示面积			2			2			1			2
		18. 环保科普展览展示面积比例		6	2		6	2		4	2		6	2
		19. 多媒体放映厅的面积（容积率）			2			2			1			2
	资金	20. 来源结构		6	3		8	4		8	4		8	4
		21. 资金额度			3			4			4			4

一级指标	二级指标	三级指标	场馆类			自然保护区			企业			科研院所		
			一级	二级	三级	一级	二级	三级	一级	二级	三级	一级	二级	三级
设施资源类	设施类	22. 环保科普展项总数	31	18	3	23	13	2	30	20	3	23	13	2
		23. 互动式环保科普展教设施数量			3			1			2			2
		24. 免费科普资料种类和数量			3			2			3			2
		25. 原创环保科普资料的数量			2			2			3			2
		26. 展示内容电子化比例			3			2			3			2
		27. 展项设施的维护水平			2			2			3			2
		28. 展项设施的更新水平			2			2			3			1
	资源类	29. 资源内容的代表性		13	3		10	3		10	2		10	2
		30. 资源内容的领先性			3			2			2			2
		31. 资源的垄断性			3			2			2			2
		32. 资源的地域优势			4			3			2			2
		33. 技术的领先性（科研院所）			0			0			0			2
		34. 生产的领先性（企业）			0			0			2			0
活动成效类	活动	35. 环保科普活动的数量和种类	18	6	2	17	4	1	16	5	2	16	4	1
		36. 环保科普活动的策划与组织			2			1			1			1
		37. 环保科普活动的宣传与推广			1			1			1			1
		38. 品牌大型环保科普活动的数量			1			2			1			1
	成效	39. 公众参与度		12	2		12	2		11	1		12	2
		40. 公众满意度			2			2			1			2
		41. 活动的影响与辐射			2			2			2			2
		42. 科普网站的公众关注度			2			2			2			2
		43. 媒体的关注度			1			1			1			1
		44. 政府的奖励			1			1			2			1
		45. 年实际接待量			2			2			2			2

一级指标	二级指标	三级指标	场馆类			自然保护区			企业			科研院所		
			一级	二级	三级	一级	二级	三级	一级	二级	三级	一级	二级	三级
可持续发展	可持续性	46. 经费的可持续性			2			2			3			2
		47. 资源的可持续性		6	2		5	2		7	2		6	2
		48. 活动的可持续性			2			1			2			2
	稳定性	49. 人员数量的稳定性	11		2	11		2	13		2	12		2
		50. 基础设施条件的稳定性		5	1		6	2		6	2		6	2
		51. 核心展项、展品的数量的稳定性			2			2			2			2
环保关联度	内容关联度	52. 展教主题与环境保护的契合度			4			2			2			2
		53. 环保展示内容与申报单位自身特色的契合度		5	1		5	3		4	2		5	3
	环保重视程度	54. 环境保护相关培训			1			1			1			1
		55. 节能环保相关规定或行为指导手册	10	2	1	10	2	1	10	2	1	10	2	1
	环保实践	56. 节能产品使用率			1			1			1			1
		57. 场区园区绿化率			1			1			1			1
		58. "三废"的回收与处理			1			1			1			1
		59. 排污情况（企业）		3	0		3	0		4	1		3	0
		60. 对周边区域的环境贡献			3（加分）			3			3			3
总分			110											

四、应急科普工作体系

（一）应急科普与网络舆情的关联性

应急科普与一般科普存在较大的差别。应急科普毕竟是一种非常态的科普，是在有突发事件发生（或可能发生）的特殊情况下进行的科普活动。而一般科普是一种常规化的科普，是一项平时开展的科普工作，是科普工作的主要立足点，我们所有的科普工作还是应该以在平时的、常态的、日常的、持续的这种一般科普为主，应急科普应该是一般科普的一部分，或是一种特殊的内容体现。

一般科普，是一项长期性、持续性、系统性的工程，围绕各种科学技术问题、公众关心的问题开展活动，活动形式也多种多样，包括科普图书、科普场馆、科普讲座、科普大篷车、"站栏园"、科技周、科普日等各种形式。应该说，一般科普已经成了科协系统开展工作的常规化内容。

相对而言，应急科普则是具有针对性、特殊性等特征的科普工作。应急科普的契机为突发公共事件的发生，每一个突发公共事件（发生的或者可能要发生的）都给我们提供了一次绝好的科普机会。主要体现在两个方面：

首先，在应急科普中，公众的科普需求凸显。突发公共事件发生以后，公众对相关科普知识有了迫切需求，科普宣传的重要性凸显。比如汶川地震发生后，公众马上就会提出，为什么这次地震没有被预报，地震到底能不能预报，还会不会有余震，地震来临时应该怎样避险，如何科学、有效地抢救遇险者，怎样防止震后疫情，堰塞湖是如何形成的，怎样消除堰塞湖的威胁等。这些科学知识都是公众最为关心、最为迫切需要的，科普宣传此时大有用武之地。

其次，应急科普中这种面向需求的科普工作的效果明显。突发公共事件发生后开展的科普宣传，效果通常是最好的，效率往往也是最高的。因为这个时候宣传的科技知识与公众的切身利益密切相关，留给公众的记忆也是最深刻的。从这个角度来说，我们应十分珍惜突发公共事件发生后的科普宣传机遇，就此开展相应的全民科普。

对于一般科普与应急科普两者之间的关系，中国科技馆原馆长王渝生指出，"（一般）科普工作是一项长期的、持续的社会文化工程，但应急科普又是一个非常时态的科普工作，这两者是一种普遍性和偶然性、一般性和特殊性的关系。实际上，我们在应急科普中开展的一些工作也应该纳入日常性、经常性的科普工作中。日常性的、经常性的科普问题如果考虑得比较多，应急科普时就可以信手拈来。"实际上，应该说应急科普是一般科普的重要组成部分。一方面，应急科普可能涉及的科技知识、方法等（例如，汶川地震中相关的防震、自救方面的知识；H1N1 流感防治中相关的医学常识、预防知识等）通常也是包含在一般科普之中的，只是这些内容在相应的突发事件发生后得到了凸显而已；另一方面，应急科普工作的迅速有效开展，有赖于一般科普工作的扎实推进，有了一般科普工作的经验和良好的组织，在突发事件发生时，应急科普工作的开展才能有序且有效。

（二）环保应急科普的概念

在突发环境事件过程中，通过科普的手段回应公众关切，缓解社会矛盾，为政府、公众、利益各方创造一个基于科学理性的对话、交流、评论的良好环境或平台。

环保科普应急可以分为四个层次（表3-26）。

表 3-26　环保科普应急层次

层次	方式	基本模式
第一层次	被动回应	信息公开，回应关切，撇清关系，法理合理
第二层次	主动回应	科学解读，多角度正面回应
第三层次	舆情预测与引导	基于事件，设置议题，带入讨论，引发思考，降低舆情负面发展趋势
第四层次	协助解决实际问题	通过现场咨询、面对面讨论、事前培训、事后提供科学措施，帮助化解矛盾，增加问题解决的可能性

表 3-26 中的四个层次基本上是按由低到高的顺序排列。对于已经引发社会讨论甚至社会矛盾的事情中，第一层次往往是我们目前经常见到，又广为诟病的一种回应模式，主体是利益相关的信息发布方和信息缺失方（包括利益相关方和围观群众）。信息发布方总是在程序、法理正确合理的前提下（暂且认为所有的都是程序和法理上正确的），认为反对的声音是来自群众对其工作过程合理合法性的未知，于是在事情发生后，以一种义正词严的面目出现在公众面前，傲慢、机械地发布一些信息，以为这样就可以平息

事件，这真的是一种对矛盾认知过于浅薄的行为。其实我们也不能怪执行者的漠视与落伍，毕竟在很多的研究报告中，在很多前瞻性专家的建议中，也经常把"信息工作"作为此类问题解决的唯一正确出路。其实，在没有发生应急事件的时候，信息公开作为一项日常工作开展，是有助于事件发生后其他工作的开展的，但是把信息公开作为应急事件发生后的一个核心手段，就不合适了，因为此时的矛盾已经不是信息是否公开，而是信息是否真实、科学有效了。换句话说，平日的信息公开，可以积累信任度，在紧急时刻，这种信任度才能帮助提升信息的说服力，而应急时刻的信息，如果没有平日的信任度作为基础，那么不仅要公开信息，还要让信息看起来真实、科学、有效，工作量只能越做越多，往往还起不到效果。

第二层次为主动回应，信息发布主体主动开展工作，回应过程中不再是简单、生硬的信息，而是逐步增加带有人文关怀性质的信息沟通，情感上变得更加容易接受。此外，在信息的权威性和科学性方面，信息发布主体选择请第三方或者相关领域的权威社会组织、专家来背书，帮助提升信息的质量。这个过程中仍然存在非常大的误区，即没有区分实际问题与舆情问题的并列性，而是将二者合二为一。其实舆情问题是由现实（多数）问题的发生引发的，但是舆情影响的主要是非利益相关人，而现实的实际问题影响的是利益相关方的实际利益问题。这两个问题的发生有相关性，但是解决并没有绝对的相关性。例如，舆情增加了实际问题的解决难度，但是舆情无法决定线下问题的解决与否。而在第二层次的解读中的最大误区就是认为这种主动回应可以通过解决舆情进而解决实际问题。

到第三层次可以更加清楚地认识到，舆情与实际问题是两个相关但是不同的问题，进而将科普应急的层次划分为第三层次和第四层次，第三层次明确通过信息沟通解决舆情的问题。而且明确了舆情的解决有助于实际问题的合理解决，但是绝对不是根本解决方式。当然我们希望通过科普的方式、沟通的方式，能够促进实际问题的合理解决，但是我们更应该明确，科普应急的工作重点是解决舆情问题，科普应急的对象是不明真相、盲目传播的围观群众。

环保应急科普的主要工作内容在不同层次中有所差别（表3-27）。

表 3-27　环保科普应急工作内容对照表

层次	方式	基本模式	工作内容
第一层次	被动回应	信息公开，回应关切，撇清关系，法理合理	持续了解事件发展过程，及时跟踪报道，回应传播中的不当谣言
第二层次	主动回应	科学解读，多角度正面回应	针对事件，挖掘可能引起误解的关切点，主动邀请专家正面报道，跟踪反馈，继续解读
第三层次	舆情预测与引导	基于事件，设置议题，带入讨论，引发思考，降低舆情负面发展趋势	根据事件在网络传播的时间线，进行传播热度预测，在事件大范围爆发式传播之前，及时发出科学权威的声音引导舆论
第四层次	协助解决实际问题	通过现场咨询、面对面讨论、事前培训、事后提供科学措施，帮助化解矛盾，增加问题解决的可能性	开展线上或线下的科学家与公众面对面活动，答疑解惑

（三）环境群体性事件分析方法

1. 环境群体性事件

环境问题相关的群体性事件的发生过程较为复杂，从科普的角度来讲，对其进行分析，需要将复杂的各类信息进行归类和量化。群体性事件可分为三个方面来衡量，一个是现实中的线下发展过程，主要通过具体的事件情况来反映和衡量；二是虚拟空间中的线上发展过程，主要通过网络舆情反映；三是事件的社会影响，主要是对于事件当地的现实影响。

环境群体性事件的影响程度评价有三级指标：一级指标包括网络舆情和群众集会两个方面，如果事件的发生仅仅局限于网络，则只需利用网络舆情指标进行分析；如果事件不仅在网络上讨论热烈，而且出现群众大规模游行等事件，则两个指标同时使用。二级指标主要是对一级指标不同维度的解释，如将网络舆情的热度分解为传播扩散的程度、不同渠道信息的活跃度以及网民的态度等指标。三级指标则映射到具体的数值，从而完成对一级指标、二级指标的量化。

指标权重依据已有的文献研究对各项指标的重要程度进行量化，从而能够得出其对事件发展的综合影响。通过统计各项指标的信息数据，最终可以通过量化的方式得到一个综合指标，即事件发展的影响程度，该指标是从量化的角度对事件进行回顾，并用作下一步的分析。

计算公式如下：

$$I = \sum_{i=1}^{n}(A_i \times B_i)$$

式中：I —— 事件发展的影响程度；

A_i —— 第 i 个三级指标；

B_i —— 第 i 个三级指标所占的权重。

环境群体性事件发展的舆情影响程度量化指标如表 3-28 所示。

表 3-28　环境群体性事件发展的舆情影响程度量化指标

适用范围	一级指标	二级指标	三级指标	评分标准	指标权重/%
通用指标	网络舆情	传播扩散	流通量变化值	流通量/峰值×5	3
			网络 IP 地理分布扩散程度	扩散程度/峰值×5	3
		论坛通道舆情信息活性	发布帖子数量	帖子数量/峰值×5	3
			新增点击数量	点击数量/峰值×5	3
			新增跟帖数量	跟帖数量/峰值×5	3
			新增转载数量	转载数量/峰值×5	3
		博客通道舆情信息活性	发布博文数量	博文数量/峰值×5	3
			新增阅读数量	阅读数量/峰值×5	3
			新增转发数量	转发数量/峰值×5	3
			新增转载数量	转载数量/峰值×5	3
		新闻通道舆情信息活性	发布新闻数量	新闻数量/峰值×5	3
			新增浏览数量	浏览数量/峰值×5	3
			新增转发数量	转发数量/峰值×5	3
			新增转载数量	转载数量/峰值×5	3
		其他通道舆情信息活性	其他通道舆情信息活性值	活性值/峰值×5	3
		态度倾向	敏感程度	涉及敏感词汇数量/5×5	2
			理性化程度	由"普遍客观冷静"（1 分）到"舆论失控，极不理性"（5 分）按程度评分	4

适用范围	一级指标	二级指标	三级指标	评分标准	指标权重/%
（针对线下环境群体性事件）	群众集会	集会特征	集会规模	1分：20人以下 2分：20～100人 3分：100～500人 4分：500～1 000人 5分：1 000人以上	12
			人员结构	根据参与集会人员的行业来源的多样性评分，来源越广泛分值越高（1～5分）	5
			集会类型	1分 静坐 2分 散步游行 3分 采用标语、旗帜或罢工等方式激烈抗议 4分 毁坏公共财物 5分 肢体、持械冲突	12
		社会影响	公共服务机构影响	根据集会对公务人员的健康影响、公共财物的受损状况和学校、医院等公共机构正常运转的影响程度评分（1～5分）	10
			交通出行影响	根据集会期间对涉及区域的公共交通工具运行和道路拥堵的影响评分（1～5分）	5
			生产秩序影响	根据集会期间对涉及区域的商贸行业正常运转的影响评分（1～5分）	5

2. 环境应急事件和环保科普工作的关联性分析方法

为了建立环境群体性事件中科普需求与群体性事件发生之间的关联性，首先需要对群体性事件中的科普需求进行量化分析，由于群体性事件过程中，"事实与科学"已经不再是事件发生中的核心问题，科普的需求主要在于网络舆情的缓解过程中。因此，科普需求的量化指标主要从网络舆情分析的角度提出，详见表 3-29，从主动需求和被动需求两个角度提出了科普需求的综合量化评价方法。

如表 3-29 所示，群体性事件中，大家对关键词的搜索需求会出现明显的变化，而评论的态度随着相关知识的了解，也会有倾向性的变化。

表 3-29 环境群体性事件发展过程中科普需求度指标

适用范围		二级指标	三级指标	评分标准	指标权重/%
通用指标	科普需求	主动科普需求	新增搜索量	主流搜索引擎事件科普关键词的搜索量/2 000×5	25
			新增提问量	主流问答社区对关键词的提问量/20×5	25
		被动科普需求	发布科普文章数量	科普文章数量/20×5	10
			科普文章点击数量	文章点击数量/2 000×5	10
			科普文章评论数量	评论数量/200×5	10
			科普文章转载数量	转载数量/50×5	10
			评论态度倾向	由"普遍客观冷静"（1 分）到"舆论失控，极不理性"（5 分）按程度评分	10

（四）科普应急工作方法

借助热点事件进行的科学传播已逐渐被越来越多的学者们关注，这种具有科普价值的热点事件被称为科普型热点事件。这种新的科学传播形式日益成为科学传播的新常态。科普型热点事件来源于社会中的热点事件，它具有一定的轰动效应和科普价值，并且易于向公众传播。科普型热点事件可以分为可预见性科普型热点事件（如神舟系列火箭升空，对公众进行的科学传播）和突发性科普型热点事件（如 PX 事件中的科学传播）两种类型。针对这两种不同的事件，有不同的环保科普工作方案。

1. 预防性环保科普工作方案框架

所谓预防性科普工作方案，也是区别于常规的日常科普工作的。常规的日常科普工作是以泛概念地提升公众科学素质为目的进行的知识传播，知识的需求性并没有非常明确，可以是公众关心的热点问题，也可以仅仅是了解学习作为知识储备之用。预防性科普工作则是在经过论证和预判，可以确定在一定的时间内或者未来可以预期的时间段内，某类知识的需求会明显增加，或者某类科学问题会引起广泛关注和讨论，借势开展前期的传播铺垫。例如，某些重要政策、法律法规的实施与发布，有明确的时间节点，这些政策和法律法规实施的前后会对特定人群、特定行业或者全部公民都有深刻影响，这种影响必然会引起舆情的关注和大量的讨论，这类事情就可以通过有序的信息传播，让大家能够在相对科学、理性的层面来看待事情的发展和演变，对产生的影响有所准备。再如，在短期内无法从根本上改善的大气污染现状，可以预见每年到了秋冬季都会频繁发生重污染天气，那么在进入秋冬季之前，对雾霾相关知识进行有针对性的传播、解读，当雾霾天发生的时候，就会降低非常多的无意义讨论和抱怨，可以缓解大家对污染的抱怨、恐惧的心理，更多地转到如何参与、共同降低排放量上来。

因此预防性环保科普工作方案的工作主要是三个模块（图 3-3）。

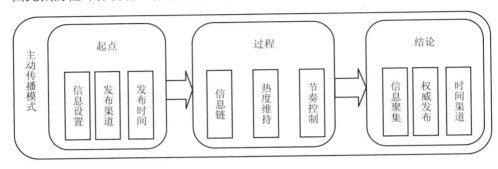

图 3-3 科普应急主动工作流程图

主要的工作框架包括：

（1）舆情的研判。通过组织专家，集中论证年度可能引发舆情的事情和时间节点，讨论公众关心程度和可能发生的舆情程度。将事情分为一类和二类两个类别（表 3-30）。

表 3-30 不同舆情发生情况分类描述表

类别	情况描述
一类	重要政策、法规的发布与实施类
二类	可能发生、引发关注与舆情的重污染事件

（2）工作方案的制定：有专业传播团队，根据舆情类别制定分阶段传播方案。不同类舆情科普工作的内容参照表 3-31。

表 3-31 不同类舆情科普工作内容参照表

类别	工作阶段	工作内容
一类：重要政策、法规的发布与实施类	第一阶段	议题拟定
	第二阶段	确定传播时间节点
	第三阶段	确定不同时间节点主传播平台和辅助传播平台

类别	工作阶段	工作内容
二类：可能发生、引发关注与舆情的重污染事件	第一阶段	确定可能引发舆情的初始时间
	第二阶段	从初始时间到确定爆发时间划定传播重点
	第三阶段	确定不同时间段要解释和介绍的科学议题

（3）内容准备。根据工作方案集中准备不同类别的核心传播内容。在核心内容的基础上，根据媒体传播渠道和阅读模式的不同，编制完成不同的传播产品，如纯文本、图文结合产品、视频产品、H5 产品等不同形式。内容长度和深度也要有所考虑。

（4）组织机构。落实上述工作内容，需要组建专业的预判专家咨询团队，包括根据内容组织内容科学团队、专业写手或编辑参与的内容制作团队、专业的媒体联络管理团队以及专业的舆情监测团队。各团队共同配合完成工作。

（5）适时监测反馈。即使做好了所有的预判，在实施过程中，同样会出现很多无法预知的情况。毕竟公众的意识不会完全地由信息发布者引导，且在主动发布信息的同时，也会有不同的声音在传播，因此必须进行适时的监测反馈，及时根据反馈情况调整传播节奏和针对性回应的传播内容。

2. 应急性环保科普工作框架

在科普型热点事件中，突发性科普型热点事件占了很大比重。当前我国正处于经济发展转型时期，社会中不稳定因素日益增加，加上公众科学素质有待提高，致使一些突发事件对经济和社会发展产生了不良影响，我们需要给予重视。

突发环境事件发生后，首要工作除了抢救受伤人员，进行应急科普以预防事件波及范围扩大和次生危害也是非常重要的。有研究表明，近 20% 的环境群体性事件存在谣言传播，以往依靠消息的人际传播，传播速度慢，扩散范围小，然而随着互联网的快速发展，尤其是自媒体的普及，政治谣言、虚假传闻等各种信息层出不穷。网络谣言的隐蔽性降低了网民传播谣言的责任风险，谣言呈泛滥之势，自媒体的高度耦合性还容易导致谣言传播的沉默的螺旋效应，更容易产生群体极化现象，凸显其社会危害性。

在科普型热点事件中，科学传播内容是根据事件发生的关键点发掘出来的，科学传播者由科学家、政府、企业、媒体等主体担任；科学传播过程中，科普传播者是被动进入传播过程中的，部分科学传播者往往根据自己的利益诉求传播符合自身利益的观点。科学传播的受众在科普型热点事件中不只是事件的旁观者和信息的接受者，他们有时也会转变成参与者和传播者。受众往往在传播过程中对信息进行转发或回复，传播者也会根据他们的反馈继续提供他们所需的信息。在信息化的时代，传播途径以多种媒体的大众传播为主，随着微博、微信等新媒体兴起，更是为热点事件的科学传播提供了方便快捷的渠道。整体上，科普型热点事件的科学传播过程有别于传统的线性传播过程，更体现了科学传播的系统性和复杂性。

应急性环保科普工作方案的工作主要是三个模式（图3-4）。

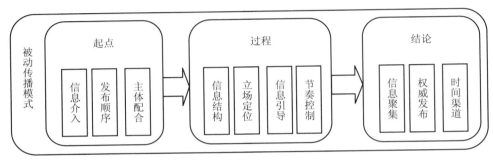

图3-4　科普应急被动工作流程图

应急性科普传播工作模式包括：

（1）多元主体协同参与。在科普型热点事件的科学传播中，政府和科学家依然是科学传播的主要力量。这就需要政府和科学机构有敏锐的科学传播意识，善于把握住科普传播的最佳时机。在科学传播活动中，大众媒体的作用越来越凸显出来，大众媒体是我们关注事件进展的主要渠道，也是科学传播的主要阵地。比如在 PX 项目引发群体事件时，大众媒体积极策划科学解读 PX 的报道。一方面，媒体与科学家紧密联系，给科学家提供发声的平台，让科学家的声音传递到公众中去。另一方面，媒体自身也尝试做一些科学调查，如 2013 年 7 月 30 日—8 月 2 日，《人民日报》推出策划长达 1 年之久的"探析 PX 之惑"系列报道——《PX 产业，我们可以不发展吗》《日本 PX 工厂如何保障安全》《韩国 PX 积极扩容增产》《PX 如何走出困境》等，通过扎实细致的调查和客观理性的立场，就大众对 PX 发展的认识误区答疑，探讨走出困境的途径。网络时代一个鲜明的特色是自媒体的发达。通过博客、微博、微信、贴吧等，任何人都可以把自己的观点传递出来。这给民间科学组织和群体提供了机会，使他们也变成了科学传播的重要力量。如果壳网、科学松鼠会等，他们在有重大科普型热点事件发生时，也会发表专题文章，通常他们较普通大众媒体更关注事件中的科学要素，对事件中的科普素材具有更敏锐的洞察力。更广泛地说，普通大众也属于民间科学传播的力量，他们如果对某一科学问题予以关注，他们可以自己搜索相关的资料，然后将自己掌握的知识传递给其他公众。

从某种意义上讲，主体的多元化打开了科学传播的新维度，公众不再只是被动的接受者，他们也可以主动参与到科学传播中，政府、科学家、媒体和公众共同参与，可以形成科学传播的强大合力，推动科学传播事业的发展，促进在全社会形成科学传播的有利氛围。这也是科学传播主体发展的必由之路。但目前我国部分媒体和大部分公众受自身科学素养的制约，有时会产生科学传播进程中的反作用力，因而提高媒体和公众的科学素养，促使他们更好地参与到科学传播中，还需要全社会的共同努力。

（2）传播内容多层次并重。随着对科学传播内涵理解的深化，科学传播的内容不再是纯粹的科学知识，还应包括科学思想、科学方法、科学精神和科学技术与社会的关系。科普型热点事件的科学传播尤其体现这种多层次的科学传播内容。在今天，科学技术的作用在于其科学知识可以解释现象和帮助人们提高生产效率，但其作用效率却在于我们应如何使用科学技术，如何正确看待科学技术给我们的生活带来的影响。科普型热点事件正是科学技术给人们生活带来重要影响的集中体现，化解公众和科学技术之间的矛盾，加深公众和科学技术之间的联系，需要全方位的科学传播内容。

通过应急性科普工作达到以下效果：引导舆论方向，化解危机；破解科学谣言，提升公众科学素养；精准传播，提升科学传播效果。

3．线上环保科普工作框架

当前，网络毫无疑问是信息传播的主要渠道，可以说对热点应急事件的科普和以网络为主要平台的新兴媒体的发展是相生相伴的，新兴媒体的发展促进了突发性科普型热点事件的生成，同时突发性科普型热点事件又是借助新兴媒体进行科学传播的。网络可以集文字、图像、声音信息为一体，在科学传播上更具形象性、生动性、全面性等特点，在传播效果方面比传统媒介更具影响力。

与通常网络上的科学传播形式不同，科普型热点事件在网络上的科学传播主要以网络专题报道的形式进行。科普型热点事件的网络专题报道是指以网络为平台，单独开辟一个事件报道专栏或专题页面，网络媒体通常将专题挂在网站的醒目位置，通过综合运用语言文字、图片、音频和视频等多媒体表现形式，对具有重大社会影响的科普型热点事件进行全方位、多角度的报道，使围绕事件的相关信息全面地展现在受众面前。

纵向上按时间顺序不断跟进事件动态，横向上延展对相关事件的知识科普，深度上增加对观点的报道，如专题策划请相关工作者进行解说，给专家和公众提供交流的平台，让公众有机会与专业人员直接对话。网络专题中不仅把事件的发展过程集中在专题中，更重要的是在横向和深度上相应延展，这就既满足了公众对事件及时性的需求，同时也满足了公众深入了解事件的需求。

除了事件的社会影响的深入之外，在科学传播上，更注重的是科学素质的整体提升，尤其是科学精神、科学态度等二阶科学传播内容。现如今，单一的事件描述性的新闻信息已不能满足公众对信息的渴求，全面、灵活、形式多样、有深度的报道才会更吸引公众。集形式多样、内容全面、观点鲜明的特点于一体的网络专题报道不仅加强了其新闻价值，而且其科普以及其他社会效应也更加明确。

网络技术的发展拓展了人们自由活动的空间，为人们表达自己的权益诉求提供了便利的发言平台。在科学传播活动中，科学传播的受众地位也明显提高，随之带来的是科学传播模式的转变，从中心广播模型到缺失模型，进而到对话模型，对话模型强调的是受众的态度和受众的发言权。在科普型热点事件的科学传播中，受众与传播主体的互动尤为明显。受众与传播主体的良好互动，不仅激发受众了解科学的兴趣，还可以帮助科学传播主体掌握传播效果。

同科普型热点事件传播方式的多样化一样，科普型热点事件中受众与传播主体的互动形式也是多种多样的。例如，通过"科普我来问"栏目，公众可以通过微博或在线留言的方式与科学家交流。此外，也可利用公众自身的微博和论坛平台开展公众与科学家的互动。除了这些传统的互动方式，还有一些比较有特色的互动形式，还可以做一些H5 作品或者小程序，公众可以通过点击参与，看到事件发展的过程等，增加趣味性的同时，公众也有身临其境的真实感受。

（五）科普应急资源包

通过运用科学传播理论，对科普应急事件进行解读，分析其要素及结构模型，从中总结出科普应急事件科学传播的特点及功能，并将理论结合实际，探讨现实中容易出现环境突发事件的领域以及该类科普应急事件在科学传播中出现的问题，并针对问题需求进行资源的整合，从而形成资源包。建立应急科普的最大阻碍在于事前对危险的"预吉"意识，不愿意过多讨论未发生的环境事件，因此如果事故发生，便缺乏相应的应对措施；

应急事件发生后，注重事后抢救，缺乏"预凶"意识，而一旦影响较大引发社会恐慌，相应的应急科普跟不上，就容易引起群体性事件，造成很多不安定因素。

应急资源包是应对各种环境应急事件的资源的集合，科普应急资源包则是用于应对潜在环境突发事件或者环境突发事件造成的负面影响或者群体性事件的，针对易受影响的人群和网络谣言而进行相应的科普知识的正确性、引导性的宣传，从而尽可能减小环境应急事件带来的社会性影响。

科普应急资源包由人力资源以及人力资源开发建设而成的科普资源组成。人力资源如环境各领域的权威专家、公众普遍认可的国家权威媒体、NGO 组织、"环保大 V"等。科普资源主要包括针对环境应急事件研究并开发的图书、挂图、宣传册、动画、海报和通过各种活动、讲座、会议、论坛等形式收集的专家 PPT。上述两种属于事前的科普知识储备资源。在突发环境事件发生后，组织媒体进行事故的追踪报道、组织专家进行的谣言解读等，都会被收入到应急资源包中（表 3-32、表 3-33）。

表 3-32　大气污染防治应急科普资源包示例

序号	名称		来源
	挂图		
1	大气污染防治系列科普挂图	14 张	自主开发
2	《大气污染防治行动计划》系列挂图	8 张	生态环境部
3	室内装修污染及预防	7 张	中国科协
	宣传册		
1	公众防护 $PM_{2.5}$		自主开发
	图书		
1	$PM_{2.5}$污染防治知识问答		自主开发
2	$PM_{2.5}$污染防治知识问答（续）		自主开发
	海报		
1	侵略	2 张	活动征集
2	少一点排放　少一点污染	6 张	活动征集
3	雾霾中，我们这么近，却又那么远		活动征集
4	符号相同　背景不同		活动征集
5	只闻其声　不见其人		活动征集
6	吞噬		活动征集
7	掠夺		活动征集
8	脏手印		活动征集

序号	名称	来源
讲座		
1	"大气十条"五年进程与未来减排潜力分析	贺克斌
2	新时代大气污染防治综合治理	柴发合
3	高效清洁燃煤发电现状与挑战	朱法华
4	低温等离子体辅助宽负荷超低排放：原理和工业应用	闫克平
5	非电行业气体污染深度治理思考与实践	陈运法
6	煤炭清洁高效利用技术	高翔
7	燃煤重金属排放控制	赵永椿
8	湿法烟气脱硫系统污染物排放特性及其控制措施	杨林军
9	协同深度净化的燃煤烟气水回收及热利用技术研究	马春元、崔琳、闫敏
10	烟尘超低排放运行优化研究	西安热工研究院有限公司
11	高硅氧（改性）覆膜滤袋完美实现燃煤电厂超低排放	鸿盛环保集团
12	汽车尾气与雾霾科普讲座 https：//v.qq.com/x/page/x03737e8xm3.html？	腾讯
13	丁仲礼大学讲座：应对雾霾——源头减排是关键 https：//v.qq.com/x/page/j0149lomdj2.html？	腾讯
14	大气污染的主要原因和防治对策 http：//video.kepuchina.cn/qhhj/content_12903.shtml	科普中国，李俊华
视频		
1	雾和霾有什么区别？	自主开发
2	$PM_{2.5}$的主要来源有哪些？	自主开发
3	$PM_{2.5}$有哪些危害？	自主开发
4	我国如何对环境空气质量进行评价和分级？	自主开发
5	$PM_{2.5}$的源解析	自主开发
6	雾霾天如何做好个人防护？	自主开发
7	如何防止数据造假？	自主开发
8	每天的空气质量预报是怎么做的？	自主开发
9	大气边界层、逆温层和空气质量的关系是怎么样的？	自主开发
10	大气污染物是如何传输和扩散的？	自主开发
11	如何看待现代生活中加强秸秆焚烧、露天烧烤管控？	自主开发
12	控制机动车排放的措施有哪些？	自主开发
13	油品改善如何影响空气质量？	自主开发
14	影响雾霾形成的气象条件有哪些？	自主开发
15	减排$PM_{2.5}$，我能做什么？	自主开发
16	为啥受伤的总是冬天？	自主开发
17	京津冀的霾是不同的霾？	自主开发
18	雾霾防护需知道	活动征集

序号	名称	来源
19	雾霾的认识与防范	活动征集
20	吸烟也是污染大户	活动征集
21	消灭雾霾	活动征集
22	日照香炉生"雾霾"	活动征集
23	雾霾中的胡同	活动征集
24	空气污染对健康生活的影响 http：//video.kepuchina.cn/qhhj/content_7411.shtml	科普中国
25	空气污染的主要来源是什么 http：//video.kepuchina.cn/qhhj/content_2048.shtml	科普中国
26	勿烧秸秆　洁净空气 http：//video.kepuchina.cn/qhhj/content_17322.shtml	科普中国
27	科学解读雾与霾 http：//video.kepuchina.cn/qhhj/content_4445.shtml	科普中国
28	大气质量需关心　共同维护同呼吸 http：//video.kepuchina.cn/qhhj/content_17314.shtml	科普中国
29	环境监测 $PM_{2.5}$	腾讯网
30	建筑粉尘篇	腾讯网
31	空气污染那点事儿	腾讯网
32	一分钟让你了解雾霾	腾讯网

表 3-33　垃圾主题应急科普资源包示例

序号	名称		来源
	挂图		
1	生活垃圾处理与资源化	18 张	自主开发
2	如何合理利用餐厨垃圾	8 张	岭南科普
	宣传册		
1	生活垃圾处理与再生利用		自主开发
	图书		
1	城市生活垃圾处理知识问答		自主开发
	海报		
1	白色可以淡化任何颜色		网络
	PPT		
1	大型生活垃圾焚烧炉排炉技术		蔡旭
2	生活垃圾气化技术		张汉威
3	垃圾分类处理处置		自主开发
4	中国垃圾焚烧处理		百度文库
5	垃圾分类讲座 https：//v.qq.com/x/page/k03437he4n3.html？		腾讯

序号	名称	来源
	飞碟说动画	
1	什么是生活垃圾？	自主开发
2	生活垃圾有什么污染？（上）	自主开发
3	生活垃圾有什么污染？（下）	自主开发
4	生活垃圾的减量化和资源化	自主开发
5	生活垃圾卫生填埋	自主开发
6	垃圾焚烧中二噁英的控制（上）	自主开发
7	垃圾焚烧中二噁英的控制（下）	自主开发
8	生活垃圾的生物处理	自主开发
9	生活垃圾焚烧系统主要包括哪些单元？	自主开发
10	塑料制品如何污染我们生存的自然环境、损害我们的健康	自主开发
11	农村垃圾现状	腾讯
12	农村生活垃圾分类	腾讯
13	白色污染指的是什么？ http://video.kepuchina.cn/qhhj/content_12903.shtml	科普中国
14	少用快餐盒　减少白色污染	腾讯

五、科普传媒

（一）传统媒体的优缺点

（1）传统媒体在传播环境信息的过程中，在时间上具有滞后性和非连续性。如无论是报纸、期刊，还是电视节目，往往都是在 $PM_{2.5}$ 相关事件爆发之后才开始对这一问题进行密集研究和报道，这说明其传播具有滞后性；另外这些报道也多集中在雾霾天气频繁的冬季和春季，平时则少有报道，这说明其传播具有非连续性。

（2）传统媒体在传播环境信息的过程中，在传播内容上具有严肃性和科学性。从报纸和电视的传播内容来看，这些报道多集中在政治领域，在内容的选择上因为"把关人"的存在而会有更多要求，这说明了其传播具有严肃性；从期刊的传播内容来看，这些研究多涉及相关的科学技术知识，而且报纸和电视媒体中也有不少对相关科学知识的传播，这说明其传播具有科学性和专业性。

（3）传统媒体在传播环境信息的过程中，在传播效果上传播范围比较狭窄。在报纸和期刊这种纸质平面媒体的传播过程中，其受众往往集中在特定的人群范围，而电视节目虽然到达率高，但因为传播次数和传播时间的限制，也无法形成大面积的、持续性的传播效果，因而传播范围相对比较狭窄。

（4）传统媒体在传播环境信息的过程中，在处理科学（环境信息）与公众的关系方面，互动性比较弱。这主要受传统媒体传播手段的影响，无论是报纸、期刊，还是电视节目，更多的都是一种自上而下的灌输式传播，普通公众难以发声，很少能够参与其中进行讨论和交流，因而互动性很弱。

总之，我国传统媒体在环境信息传播的过程中，在时间上具有滞后性和非连续性，在内容上具有严肃性和科学性，在传播效果上传播范围狭窄，具有局限性，而在处理科学与公众的关系上，也呈现出互动性弱的特征。

（二）新兴媒体的优缺点

（1）新兴媒体在环境信息传播的过程中，在传播时间上具有即时性和一定程度上的连续性。新兴媒体往往能在第一时间对环境问题作出反应，并对这些问题进行报道和传播，这说明其传播具有时间上的即时性；另外，虽然新兴媒体关于 $PM_{2.5}$ 的环境问题报道也多是集中在冬季供暖季节，但在平时仍会有一定数量的连续性报道和传播，这说明其传播在一定程度上具有连续性。

（2）新兴媒体在环境信息传播过程中，在传播内容上具有多元性和包容性。无论是综合性的门户网站还是专业性的垂直网站，其内容往往会涉及社会的各个领域，关注人们生活的方方面面，这体现了传播内容的多元性；而且，在像微博、微信、果壳、知乎和科学网博客这样的新兴媒体形式中，每个用户都可能是一个信息源，因而发布的信息内容也会因人而异，每种观点都能在这里寻求到安放点，这体现了传播内容的包容性。此外，新兴媒体的准入门槛相对于传统媒体来说要低一些，公众可以在注册后看到相关的信息，这也说明新兴媒体在传播内容上具有共享性和普惠性。

（3）新兴媒体在环境信息传播的过程中，传播范围广，传播效果优于传统媒体。如上所述，与传统媒体不同，新兴媒体的准入门槛低、信息获取便捷、相关资源丰富，每位网民都可以在网络中寻找到自己想要的环境信息，每位网民都有可能成为信息的发布者，这使得其传播范围能最大限度扩大，到达尽可能多的信息相对闭塞的角落。

（4）新兴媒体在环境信息传播过程中，在处理科学（环境信息）与公众的关系上，互动性非常强。在网络中，公众可以根据自己的兴趣爱好形成无数个开放式的共同体，大批的网民基于超高的活跃度，既可以在此比较自由地发布自己的观点，也可以对别人的观点进行评论，然后通过深度的交流和讨论加深各自对特定环境问题的认识和理解，并能在很大程度上群策群力，聚集每个人的智慧，从而推动相关环境问题的解决。

总之，我国新兴媒体在环境信息传播的过程中，在时间上具有即时性和一定程度的连续性，在内容上具有多元性、包容性、共享性和普惠性，在传播效果上传播范围广，在处理科学与公众的关系上，呈现出互动性强的特征。不过，值得注意的是，虽然新兴媒体相比于传统媒体具有许多优势，但也有缺陷。其中最明显的缺陷便是传播内容的科学性和专业性参差不齐，因为新兴媒体的准入门槛低，信息来源复杂，使得信息数量巨大的同时也增大了谣言和流言的存在比例，而且这些谣言、流言也会因此而迅速传播，信息的可靠性便大打折扣。

（三）全媒体发布渠道

在我国环境信息传播过程中，传统媒体和新兴媒体都发挥了巨大的作用，而且它们对话题的传播都会随着热点事件的发展而呈现出明显的波动性。但通过前文对媒体案例的计量分析和内容分析发现，传统媒体和新兴媒体在传播过程中呈现出不同的特征。与新兴媒体相比，从宏观层面来看，传统媒体呈现出时间上的滞后性、内容上的专业性、来源上的权威性、形式上的制度化与组织性以及传播效果上的局限性，而新兴媒体则具有即时传播、内容海量全面、形式开放包容以及速度快、范围广等特征。

无论是传统媒体还是新兴媒体，都在我国环境信息传播中发挥了巨大的作用，也在传播过程中呈现出了不同的特征。总体来讲，对两种媒体进行比较，传统媒体具有传播时间上的滞后性、传播内容上的科学性、传播来源上的权威性以及传播效果上的弱互动性等特征，新兴媒体具有传播时间上的即时性、传播内容上的全面性、传播来源上的随意性以及传播效果上的强互动性等特征。它们在环境信息传播过程中各有优劣，谁也无法完全替代谁，因而两种媒体走向融合是其发展的必然趋势。

在我国现有的环境信息传播方式中：传统媒体与新兴媒体之间的融合已经非常明显，两种媒体在发展中不断靠拢，传统媒体意识到新兴媒体的传播效果而开始使用互联网载体，新兴媒体意识到传统媒体的权威性，也开始严格甄选传播内容。例如，《人民日报》等传统报纸都纷纷在微博和微信上注册账号并开设客户端，通过网络传播相关内容，从而扩大了传播范围和影响力，拉近了与公众之间的距离，增强了传播中的互动程度。而且报纸和期刊中的许多文章也会在相关的网站、微信、微博上进行转发，形成二次传播和多次传播。

在传统媒体和新兴媒体发展过程中，特别值得注意的一点是，新兴媒体的发展在某种程度上带动了传统媒体的发展，这主要表现在：新兴媒体因其低门槛的参与方式，往往走在传统媒体的前面，它具有广阔的话题讨论空间，打着言论的"擦边球"，不断突破讨论"禁区"，从而带动传统媒体逐渐放开讨论限制，将一些敏感话题逐渐发展为公众可以公开讨论，在 $PM_{2.5}$ 污染这一环境信息传播事件中，这种媒体发展特征表现得尤为明显。

第四章　环境科学传播能力评估体系

一、科普工作绩效评估

《中华人民共和国科学技术普及法》（2002 年 6 月 29 日第九届全国人民代表大会常务委员会第二十八次会议通过）（以下简称《科普法》）第十条明确指出："各级人民政府领导科普工作，应将科普工作纳入国民经济和社会发展计划，为开展科普工作创造良好的环境和条件。"第十一条指出："国务院科学技术行政部门负责制定全国科普工作规划。"第十二条指出："科学技术协会是科普工作的主要社会力量。科学技术协会支持有关社会组织和企业事业单位开展科普活动，协助政府制定科普工作规划，为政府科普工作决策提供建议。"《科普法》从法律上定义了我国科普工作的基本架构应是政府领导、科技部门规划、科协实施，明确了政府作为科普工作的主体作用。依据《科普法》第十七条，"医疗卫生、计划生育、环境保护、国土资源、体育、气象、地震、文物、旅游等国家机关、事业单位，应当结合各自的工作开展科普活动。"

传播能力发展水平受多种复杂因素的直接影响，既与社会对科技传播的支持力度、现代传播技术在科技传播领域的普及程度有关，也与社会范围内各类相关组织机构参与科技传播的活跃程度、传播科学技术的实际效能有关。一般认为，影响科技传播能力的各种复杂因素大体可以归为以下四个方面：一是科技传播基础设施配置，包括科普基地等专门承担科技传播任务的社会组织机构和大学、科研机构等专业科学技术机构；二是机构科技传播能力水平；三是媒体科技传播能力水平；四是科技传播基础环境，包括政府对科技传播的政策支持、投入等。

地方政府环境科学传播能力本质上是地方政府在环境科学传播领域的投入与产出

的量化及产生的社会效应。因此,地方政府环境科学传播能力评价结构模型如下式所示:

$$环境科学传播能力\ P=（产出\ C/投入\ T）×效果\ X$$

"投入 T"的指标框架如表 4-1 所示。

表 4-1　"投入 T"指标框架

一级指标	二级指标
投入 T	每万人口环保科普人员数 T1
	人均科普经费额 T2
	每万人口科普场所面积 T3
	科普政策数量 T4

指标说明:

"每万人口环保科普人员数"=（专职环保科普人员数+兼职环保科普人员实际投入工作量/12）×10 000/总人口,举个例子:北京市专职环保科普人员 1 000 人,兼职环保科普人员实际投入工作量 20 000 人·月,总人口 1 000 万人,则北京市"每万人口环保科普人员数"应该为［1 000+（20 000/12）］×10 000/10 000 000;

"人均科普经费额"指财政经费年投入额/总人口;

"每万人口科普场所面积"指科普场地面积×10 000/总人口;

"科普政策数量"指年度发布的科普政策文件数。

"产出 C"的指标框架如表 4-2 所示。

表 4-2　"产出 C"指标框架

一级指标	二级指标
产出 C	每万人口环保科普图书册数 C1
	每万人口环保期刊报纸发行量 C2
	每百万人口环保电台电视节目时长 C3
	每万人口环保科普读物和资料数 C4
	环保科普网站数 C5
	每百万人口环保科普志愿者数 C6
	每万人口环保科普活动受众人数 C7

指标说明：

"每万人口环保科普图书册数"指环保科普图书册数×10 000/总人口；

"每万人口环保期刊报纸发行量"指环保期刊报纸发行量×10 000/总人口；

"每百万人口环保电台电视节目时长"指环保电台电视节目时长×1 000 000/总人口；

"每万人口环保科普读物和资料数"指环保科普读物和资料数×10 000/总人口；

"环保科普网站数"指全国科普统计中公布的环保行业科普网站数量；

"每百万人口环保科普志愿者数"指环保科普志愿者数×1 000 000/总人口；

"每万人口环保科普活动受众人数"指环保科普活动受众人数×10 000/总人口。

"效果 X"指公众环境意识得分，由社会调查得出。公众环境意识得分取值为 0～100 分。环境科学传播效果是评价政府环境科学传播能力的重要因素，因此对公众环境意识得分进行归一化处理。对所评价对象的得分 X 进行算术平均即得 $\bar{X}$，对任一指标数据 X_i，转化为单指标分值 X_i'，令 $X_i'=X_i/\bar{X}$。

二、科学素质调查指标和科普资源调查

（一）环境科学素质调查指标

建立公民环境科学素质评价指标体系，能为监测我国公民的环境科学素质的基本情况和动态变化提供重要依据，也能为环保科普工作在不同地区和不同人群中的开展提供方向性指导。调查指标如表 4-3 所示。

研究和建立公民环境科学素质评价指标体系的作用主要体现在以下方面：①科学测量公民的环境科学素质状况，客观描述特定阶段公民的环境科学素质发展水平，为进一步有针对性地加强公民环境科学素质教育提供具体的可操作的建议和意见。②拓展公民环境科学素质问题的研究领域，个体间、个体与集体间互动成为环境态度测量的重要内容之一，为基础理论创新提供大量实证资料。③公民环境科学素质评价指标体系真实反映了一定区域环境问题及环境保护工作的现状，能够为比较区域间环境保护工作差异和巩固先进、督促后进提供翔实的决策依据。

表 4-3 公民环境科学素质评价指标体系 单位：%

一级指标	权重	二级指标	权重	三级指标	权重
公民环境科学素质评价指标体系		环境知识与方法	30	环境知识	60	环境基本知识	34
					环境社会知识	33
					环境法律知识	33
				环境方法	40	环境生活方法	40
					环境工作方法	25
					环境解决方法	35
		环境科学意识	30	环境价值	50	对自然平衡的看法	20
					对人类例外主义的看法	20
					对人类中心主义的看法	20
					对生态环境危机的看法	20
					对增长极限的看法	20
				环境态度	50	环保个人态度	30
					环保宣传态度	20
					环保政策态度	25
					环保产品态度	25
		环境行为能力	40	个人行为	50	宣传行为	40
					参与行为	60
				社会行为	50	社会参与行为	100

公民环境科学素质评估指标体系的应用需要注意以下方面：①要明确研究总体，对研究对象的基本构成单位进行规定。其研究总体可以是国内的城乡居民，也可以是其他特定的人群。在研究设计时，还必须对研究总体在空间及时间范围、内涵及外延等方面作出清晰、明确的规定。从公民环境科学素质评价指标体系的适宜性，研究总体应以18～69岁年龄段的成年人为主。②应采取随机抽样的方式进行，使总体中每一个个体都具有平等的抽取机会，以保证该项研究获得客观的数据资料并能够准确推断研究总体的特征。③应采取访问的方式进行，即由经过课题研究人员严格培训、掌握必需调查技术的访问员，以一对一访问的方式询问被调查者，搜集相关资料。④公民环境科学素质评价指标体系在应用过程中，应保持完整性，不能分拆单就部分模块进行调查。

（二）行业科普情况调查

我国公共科普资源分散在科协组织及农业、卫生等多个系统、部门中，资源分隔、共享程度低的现状，有其深刻的体制、制度原因和利益因素。各级组织与部门的科普缺乏协调性，常规下都是根据其各自的部门工作来开展，从整体来看比较僵化。例如，林业科普的行业特色和资源优势在于其广袤的林地山川、博大的森林文化，这些都是科普的重要内容和载体。农业科普拥有大量的农业科技推广中心、推广站以及科普画廊，国土资源科普拥有大量的"国土资源科普基地"。

行业科普的发展情况在很大程度上反映了全国科普工作的情况。行业科普统计数据综合反映了当前行业科普事业发展的总体情况，是衡量和分析行业科普发展前景的重要参考依据。目前国内对行业科普、科技传播领域进行了大量实践探索和理论思考，但相对目前学科发展需求来说，对行业间科普现状和情况进行对比的研究还量小力微。本书以 2014 年数据为基础，力求在分析环保、国土、农业、林业和卫生五个行业科普统计数据的基础上，总结影响科普事业发展的症结，分析行业科普发展优势和劣势，提出促进行业科普合作共赢的途径。

1．人员情况

如表 4-4 所示，不同行业科普人员的规模、素质和组成都有不同。从科普人员规模上看，农业和卫生行业的科普人员规模最大（含专职人员、兼职人员和志愿者），分别达到了 25.15 万人和 24.82 万人，环保和国土行业的科普人员规模最小，分别只有 3.24 万人和 2.53 万人，林业行业虽未达到农业和卫生行业的规模，但也有 8.98 万人。

从科普人员的总体素质来看，五个行业的科普专职人员、兼职人员中具有中级职称或大学本科学历以上人员的平均比例为 50.54%，其中专职人员比例为 54.60%，兼职人员比例为 49.70%。按照行业来看，环保行业的科普人员素质最高，其科普专职人员、兼职人员中具有中级职称或大学本科学历以上的人员比例达到 65.22% 和 60.14%（表 4-4）。

从科普人员的组成来看（图 4-1），可以清楚地看到每个行业开展科普的主力军不尽相同，但是兼职人员在各个行业的科普事业中均发挥了重要作用。农业和卫生行业的科普人员最多，但是农业行业的科普工作主要依靠专职人员和兼职人员开展，其专职人员和兼职人员数量占人员总数的比例分别为 25.31% 和 70.08%，说明农业行业的科普行政体制建设是各行业中最完善的。而卫生行业的科普工作则主要依靠兼职人员开展，其兼职人员绝对数量较大，且占人员总数的比例为 74.89%，卫生行业专职人员的比例仅为 3.94%。林业行业的人员构成结构与农业行业相似。国土行业的科普志愿者绝对数量和占比均较小，发展缓慢。环保行业的科普专职人员数量较少，但是科普志愿者的占比较大，这与环境污染问题社会关注度较高是息息相关的。

表 4-4　行业科普人员数量情况统计数据表　　　　　单位：人

类别	环保	农业	林业	卫生	国土
专职人员：	2 174	63 660	17 607	9 789	2 859
具有中级职称或大学本科学历以上人员	1 418	33 851	9 564	5 915	1 724
科普创作人员	209	1 418	637	957	236
兼职人员：	15 760	176 270	66 128	185 838	19 455
具有中级职称或大学本科学历以上人员	9 478	86 248	31 344	93 395	9 884
注册科普志愿者	14 503	11 602	6 060	52 534	3 030

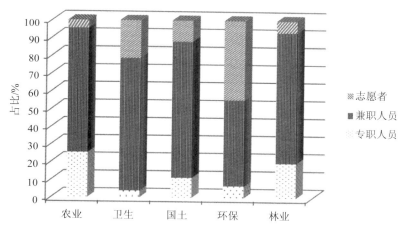

图 4-1　行业科普人员组成图

科普人员中，特别重要的是优秀的科普创作人员。但目前的情况是科普创作人才奇缺。据报道（新华网　北京 2002 年 12 月 19 日电，记者张景勇　邱红杰），拥有 2 000 多名会员的中国科普作家协会是科普创作的主力军，但 60% 的会员年龄在 50 岁以上；北京市科协 2000 年对北京地区的 750 多名科普作家的调查显示，近 80% 的人年龄在 50

岁以上；科学普及出版社对 78 位多产科普作家的统计表明，60 岁以下的只有 9 人。从本书的数据中同样可以看到，行业中科普创作人员的数量和比例（3.60%）都非常低。农业和卫生行业的创作人员最多，但对比年度科普图书的出版情况（暂且算作所有的图书均为科普创作人员创作），创作人员的产出是非常低的，农业行业为人均 1.5 册/a，卫生行业为人均 0.9 册/a，且每本书的印数都不到 1 万册，可见科普创作的作品不仅数量少，传播和受众也非常堪忧。科普队伍老龄化、专业队伍后继乏人的现象，已经严重制约科普效果的提高和科普事业的发展。

2. 基础设施情况

科普基础设施建设的行业性差异明显（表 4-5）。总体来看，农业、林业和卫生行业的科普基础设施建设情况要远远好于环保和国土行业。

表 4-5　行业科普基础设施建设情况统计数据表　　　　　　　单位：个

类别	环保	农业	林业	卫生	国土
科技馆	0	4	4	1	0
科学技术博物馆	4	31	32	3	48
青少年科技馆（站）	3	9	8	8	3
非场馆类科普基地	342	2 268	2 471	2 233	328
公共场所科普宣传场地专用活动室	587	1 347	254	5 197	197
农村科普活动场地	1 745	45 734	5 794	23 613	4 437
科普宣传专用车（辆）	233	1 861	538	1 136	481
科普画廊	1 766	4 439	2 143	35 516	1 610
国家级科普教育基地	15	105	116	14	53
省级科普教育基地	121	206	208	44	32

科技馆、青少年科技馆（站）从行政体制上主要归口科技部、科协系统、教育和团中央系统，因此本书中涉及的五个行业均数量较少。但在科学技术博物馆的建设方面，国土、农业和林业行业的数量远远高于环保和卫生行业，其科普资源优势明显。在非场馆类科普基地的建设方面，农业、林业和卫生行业的数量均超过 2 000 个，远非环保和国土行业的 300 多个能比。

农业行业的农村科普活动场地达到 45 734 个，这是行业科普资源优势的集中体现，远非其他行业能比。卫生行业的农村科普活动场地也达到了 23 613 个，这可能受益于多年来开展的科技、卫生"三下乡"活动。卫生行业的科普画廊有 35 516 个，这与全社会对健康科普的需求是息息相关的。

在科普基地建设方面，环保行业和卫生行业的国家级科普教育基地数量较少，这与两个行业所属的科技馆、博物馆数量少有直接关系。此外，国家环保科普基地数量少与主管部门在评审过程中一直秉承"少、精、尖"和示范为主的理念有关。

3. 经费情况

如表 4-6 所示，从年度科普经费的总额来看，农业行业的科普经费筹集额最高，这与中央一直重点关注农村工作的大环境有关，同时也与农业行业的人员多、设施多等情况相符。年度科普经费筹集额从高到低依次为农业、卫生、国土、林业和环保行业，其中环保行业仅为 1.45 亿元，这与全社会对环境保护的高关注度是相悖的，也从侧面说明各方对环境科普工作的关注与支持仍然停留在口号阶段，还没有真正落到经费支持等实际层面。

表 4-6 行业年度科普经费情况统计数据表 单位：亿元

类别	环保	农业	林业	卫生	国土
年度科普经费筹集额	1.45	10.74	3.53	6.53	3.91
政府拨款	0.97	8.52	1.81	3.37	2.32
捐赠	0.10	0.03	0.02	0.02	0.004
自筹	0.31	1.79	1.18	2.61	1.48
其他	0.05	0.39	0.54	0.67	0.10
年度科普经费使用额	1.49	10.84	3.63	6.41	4.36
行政支出	0.2	1.54	0.80	0.55	0.39
科普活动支出	1.09	7.89	2.09	5.13	1.22
场馆建设支出	0.10	1.00	0.43	0.42	1.60
其他支出	0.09	0.40	0.31	0.31	1.15

从经费来源看，政府拨款是各个行业科普经费的重要来源，本书中的五个行业的科普经费中，政府拨款占总经费的比例都超过 50%，农业行业甚至达到 80%；捐赠经费一直都是我们社会所倡导的，希望更多的爱心人士、企业能够支持科普公益事业，但是数据显示，只有环保行业的捐赠经费达到千万元，其他行业都只有两三百万元，对于整个科普事业仍是杯水车薪，这一方面是因为社会捐助的大环境没有培养和发展起来；另一

方面，对于捐助资金的管理、使用等工作的质量不过硬，也是影响捐赠的重要原因。因此，想要打开捐赠的大门，一方面从宣传上要加倍努力，另一方面更要从科普从业者自身多找原因，尽快提升自身的能力和吸引力。环保行业的科普经费自筹能力最差，年度筹集额仅为 0.31 亿元，其他行业的自筹能力都在 1 亿元以上，卫生行业的能力最强，达到了 2.61 亿元。

从经费的用途来看，环保、农业、林业和卫生行业的经费主要用于开展各类科普活动，国土行业的经费用途除科普活动以外，场馆建设和其他支出的比例也较高。

4．传媒情况

从内容质量和传播渠道角度看，传媒都是科普事业的核心内容。从五个行业传媒情况的统计结果看（表 4-7），非正式出版的科普读物和资料的数量最多，其次是图书、期刊和报纸，音像制品由于其载体形式被网络迅速挤压和淘汰，数量和影响力都严重缩水，从全国范围看，几乎可以忽略不计。

以印刷为主的传媒形式，最重要的就是单本的印数。以图书为例，除国土行业的图书印数单本超过 5 万册外，其他行业科普图书的单本印数都较少，农业、林业和卫生行业的单本印数都低于 1 万册，这说明图书的品质较差，虽然花了大量精力编撰了很多的科普图书，但是多数图书的社会吸引力较差，从实用角度来讲，这些图书的编写出版是费时、费力、费工又低产出的工作。

表 4-7　行业科普传媒情况统计数据表

	环保	农业	林业	卫生	国土
图书/种	364	2 211	302	858	430
图书总发行量/套（册）	8 964 889	10 260 195	1 691 563	7 254 810	29 243 584
期刊/种	90	310	105	258	36
期刊总发行量/册	1 502 602	13 841 110	836 356	18 659 664	245 773
音像制品/种	110	429	138	1 659	97
科技类报纸/份	882 374	6 789 029	607 340	20 707 892	340 972
电视台播出科普节目时间/min	6 973	39 376	8 251	44 655	6 530
电台播出科普节目时间/min	3 730	19 489	5 803	23 345	3 058
科普网站数/个	176	833	256	453	162
发放科普读物和资料/份	15 875 039	101 551 569	25 533 208	255 740 158	13 365 751

科普活动中常会编写印刷大量的科普手册、资料等。统计数据显示，五个行业的科普资料年度印发量超过 4 亿册，也就是说全国平均每 3 个人就有一本科普资料（宣传册）。但是实际上，大多数公众都没有或者很少领到这一本资料，这说明科普资料的传播渠道存在非常大的问题，这些科普资料印给谁、发给谁、谁来发、是不是真的发到了目标群体的手中，这是在考核科普工作绩效时非常重要的内容。如果连资料都不能畅通地到达目标群体手中，那么何谈知识的到达和传播。

电视节目、电台节目和科普网站应该放在一起来分析，因为目前网络上的视频、音频的传播渠道、发展趋势，已经对电视台、电台造成了不可逆转的影响。但是从质量上来看，电视台、电台的节目制作水平仍然是最高的，节目的科学性、可视性、趣味性等都要高于普通的网络视频、音频，但是科普网络的存在是视频、音频生命的延续和影响力的扩展。电视节目、电台节目有播出时段的局限性，传统的播出方式导致错过就很少有再次观看的机会，而网络的存在让公众的主动选择、重复观看和无限次再传播成为现实。当然，从五个行业的统计数据来看，卫生和农业行业的各项数据都要领先于其他行业，这主要是因为卫生、健康是所有人关注的热点，是各类媒体追逐收视、点击的主要突破点，而农业是所有行业中唯一拥有中央级专业科技传播电视平台（CCTV7）的行业。可见内容和渠道是科技传播的最重要因素，内容的吸引力可以让更多的渠道主动参与传播，渠道的权威与畅通可以让内容有效地输送。

5. 活动情况

如表 4-8 所示，卫生行业的科技讲座次数和参与人数最多，但是平均每次讲座的参与人数仅为 100 人左右，农业和林业行业的科技讲座规模比较适中，平均每次参与人数在 150 人左右，环保和国土行业的科技讲座次数和人数都较少，但是平均参与人数较多，分别为 249 人和 335 人。这可能与环保、国土行业的科技讲座的目标受众、举办场地等有关。

科技展览方面，卫生行业的展览次数最多，但是参观人数较少，平均每次仅有 531 人，可能是与卫生行业的展览内容比较专一、深入有关。林业行业的科普展览吸引力最强，单次展览的平均参观人数超过 6 300 人，主要是因为林业科技展览的内容都与园艺、标本、观赏植物等有关，比较容易吸引公众参与、参观。

表 4-8　行业科普活动情况统计数据表

	环保	农业	林业	卫生	国土
科技讲座次数	6 188	131 390	20 730	235 905	4 562
科技讲座人数	1 537 732	19 750 427	3 114 401	24 002 573	1 527 190
科技展览次数	2 032	6 788	3 040	16 112	1 775
科技展览人数	2 662 483	11 409 177	19 361 231	8 557 860	2 027 227
科技竞赛次数	380	993	538	2 032	235
科技竞赛人数	963 068	159 718	1 415 105	839 863	424 496
科普国际交流次数	47	219	344	172	46
科普国际交流人数	4 919	516 677	21 761	44 011	6 014
科研院所开放次数	95	278	159	480	27
实用技术培训次数	1 354	403 651	39 058	26 800	4 427
实用技术培训人数	178 767	48 559 679	6 874 927	3 487 840	693 424

科技竞赛方面，卫生和农业行业开展活动的次数最多，分别为 2 032 次和 993 次，但是参与人数较少，如农业行业平均每次科技竞赛的参与人数仅约为 160 人。环保和林业行业科技竞赛的公众参与度最高，超过 2 500 人/次。

国际交流和科研院所开放方面，在行业科普中普遍存在问题，国际交流次数少、人数少，尤其像环保行业，国际交流次数仅为 47 次，而国外如欧洲、日本等地的环境教育、科技教育经验非常丰富，如此少的交流与学习，对于科普事业的促进显然是缺少支撑的。而科研院所的开放方面，自从科技部等印发《关于科研机构和大学向社会开放开展科普活动的若干意见》以来，一直处于雷声大、雨点少的状态，即使是有所开放，开放的质量也是千差万别，与理想差距甚远，这其中有体制、机制问题，也有思想观念问题，要想改变现状，要做的工作仍然很多。

实用技术培训方面，农业行业的数量最多，年培训次数达到 40 万次以上，培训人数超过 4 800 万人次。这一数字非常可观，但是与中国的农民数量相比，培训的覆盖面仍然较小。

第五章 生态环保科普工作实践

一、大型科普活动组织

（一）大学生志愿者千乡万村环保科普行动

"大学生志愿者千乡万村环保科普行动"是由中国环境科学学会自 2003 年发起，原环境保护部、科技部和中国科协支持的大型农村环保科普公益活动。活动着眼于环保科普资源极其短缺的广大农村，以全面推进农村环境综合整治为切入点，以大学生志愿者为活动主体，以农民为主要科普对象，将环保科普与农村生态环境建设、致富增收相结合，引导广大农民建立科学、文明、环保、健康的生产和生活方式。2007—2018 年，共有 94 所高校的 5 万余名大学生志愿者参与活动，先后走进全国 10 000 多个村庄宣传普及环境保护知识和理念，直接受益农民超过 1 000 万人。

1. 活动主题

主题："我环保、我参与、我奉献"——大学生志愿者千乡万村环保科普行动，着眼于环保科普资源极其短缺的广大农村，以大学生志愿者为活动主体，以农村农民为主要科普对象，以农村环境综合整治、新农村建设为主要科普内容，在每年暑假期间集中开展形式多样的环保科普主题活动。

2. 活动目标

（1）目标人群

1）重点目标人群。

大学生：既是活动的主体和主要参与实施者，也是环保科普的目标人群，活动中通过前期培训和后期科普活动实践，使大学生志愿者成功地完成了从学习者向传播者的角色转换，同时也成为环保科普活动的最大受益者之一。本活动覆盖高校近百所，其中常年参与活动的高校达 80 所，其中不乏多所"985""211"高校。每年直接参与活动的教师、辅导员、学生超过 1 万人，参与互动的社团超过 50 家，间接参与活动的大学生超过 10 万人。

农民：农民作为我国解决农村环保问题的重要参与者和受益者，是我国改善农村环境工作的最重要一环。活动的主要人群就是农村中的留守人员、青少年和儿童。其中尤其以青少年和儿童作为科普活动的重点。发挥大学生志愿者的感召力和亲和力，影响农村青少年和儿童的观念和行为，进而影响成年人的观念和行为。活动直接到达村庄超过 1 000 个，按每个村庄 200～300 人计算，直接受益的农村人员将达到 20 万～30 万人。

2）辐射目标人群。

沿途群众：大学生志愿者在赶赴活动目的地的途中，会根据情况在火车、汽车上，或者是步行过程中向周边的人群集中开展科普宣传活动。同时活动中所经过的商业中心、集市等农村人口密集地，均为活动重点区域。

志愿者亲属：大学生志愿者的观念和行为可以影响到其亲属和好友的环保理念和行为。

（2）目标

2019 年，参与活动组织的省份达到 20 个，直接参与活动的大学有 100 所，组织小分队 800 支，直接参与活动的志愿者超过 9 000 人，活动到达村庄超过 1 000 个，直接受益人达 20 万～30 万人，间接受益人达 30 万人以上，发放各种宣传资料 15 万份。形成相关活动资料、材料汇编 3 套。

3. 活动组织机构

主办单位：主办方

支持单位：生态环境部、中国科学技术协会

参与单位：各省环境科学学会、各高校团委

4．活动安排

（1）编写制作活动所需科普产品

根据活动主题，围绕农村环境综合整治、新农村建设，组织有关专家和设计人员，编写活动所需的科普产品，主要包括科普宣传册和科普挂图。设计制作活动宣传海报和印有活动标志的志愿者帽子。

（2）组建环保科普专项小分队

各省环境科学学会组织本省高校组建大学生志愿者环保科普专项小分队，选定实践地点，编写活动方案，确定具体的活动路线、活动时间和活动形式等。活动方案上报省级环境科学学会，各省环境科学学会根据各校上报方案内容进行初审，择优推荐给主办方，最终确定当年大学生志愿者千乡万村环保科普行动农村环保科普专项小分队的数量，并确定资料等活动物资的配发数量。

（3）开展培训

指导各省环境科学学会组织农村环保专家和科普活动专家，开展本省大学生志愿者小分队骨干力量农村环保科普活动专题培训。培训内容包括三个方面：当前农村主要污染现状，农村环境污染的重要因素；解决农村环境污染的主要做法和技术；农村环保科普活动的主要形式、技巧和优秀案例。

（4）活动开展

为参加活动的志愿者购买人身保险；各小分队按照计划赶赴活动实践地，开展为期1～2周的农村环保科普实践活动。

（5）总结、评比、表彰

总结活动经验，推荐、评选优秀志愿者、小分队、组织单位等；召开经验总结与表彰大会。

5．活动时间和流程

见图 5-1。

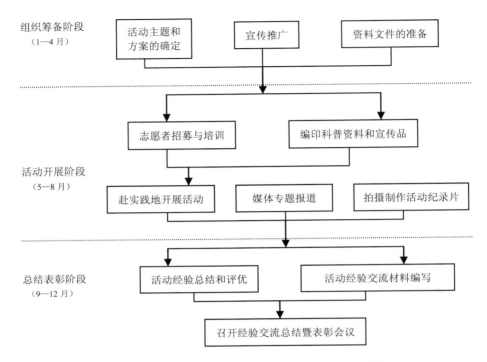

图 5-1　大学生志愿者千乡万村环保科普行动流程图

6. 宣传方案

活动分为三个阶段，每个阶段针对活动参与人群和受众人群的不同，分别设计了具体的宣传方式和宣传载体。

（1）组织筹备阶段

主要参与者：高校团委、社团联合会。包括北京科技大学、天津工业大学、重庆交通大学、东北师范大学、沈阳工业大学、山东师范大学、山西农业大学、河北环境工程学院、河南工程学院、武汉大学、南京理工大学、江西财经大学、浙江大学、福建师范大学、海南大学、华南理工大学、昆明医科大学、西华师范大学、贵州财经大学、青海民族大学等近百所高等院校。

主要受众：大学生、普通公众。

1）校园宣传：高校校园内张贴活动海报（全彩，57 cm×84 cm）30 张，张贴两个月。

2）新闻发布会暨活动启动仪式：主办方陈述上年度活动取得的成绩和下一年度的

活动计划与目标；生态环境部和中国科协对活动给予肯定和支持；大学生代表宣誓；企业代表发言，展示企业的环保理念和社会责任。

3）形象宣传片：拍摄 30 s 互动形象宣传片，片尾鸣谢合作企业。宣传片于新闻发布会当日起，通过地铁或公交移动传媒播放两周（每天 16 次）。

4）媒体宣传：《中国环境报》、《环境与生活》、《大众科技报》、新浪网、人民网、生态环境部官网、中国科协官网、主办方网站以及微博微信专题报道。

5）活动标志设计：围绕活动主题，突出环保、科普、青春、志愿奉献等主题，设计并发布活动统一标志。

（2）活动开展阶段

主要参与者：大学生。

主要受众：大学生、农民。

1）海报宣传：制作活动宣传海报，招募大学生志愿者，海报印有互动内容和口号，张贴在参加活动的大学校园内。

2）媒体报道：《中国环境报》（4 期）、《环境与生活》（2 期）进行整版专题跟踪报道，并有企业公益行为专题报道（1 500 字以上）一篇。

3）纪录专题片：由生态环境部宣传教育中心跟踪小分队，拍摄 30 min 活动专题片，片中涉及采访合作企业负责人一次。

（3）总结表彰阶段

主要参与者：大学生。

主要受众：大学生、政府官员、普通市民。

1）召开奖励交流表彰大会：制作宣传条幅、海报，邀请有关领导、企业代表出席活动并颁奖。拍摄制作会议现场纪录片。

2）媒体报道：《中国环境报》专版深度报道；《环境与生活》杂志出版专刊报道；主办方、生态环境部、中国科协、各省环境科学学会、各参与活动的大学网站宣传报道。

3）电台、电视台宣传片播放：通过与中影集团"电影下乡"活动开展战略合作，在影片片头插播形象宣传片；纪录专题片在中央电视台（二套或七套）播放。

（二）全国环保科普创意大赛

自 2012 年起，"心环保　新生活——全国环保科普创意大赛"已成功举办 6 届，征集各类作品 2 万多件，部分优秀获奖作品通过大赛平台和相关媒体广泛传播，取得了良好的社会反响。

1．创作主题

大赛以"我身边的环保知识与行为"为创作主题征集作品，包括命题创作和自选主题创作两部分：

（1）命题创作

1）生活垃圾分类与处置。

2）环境污染与人体健康。

（2）自选主题创作

1）反映对美好生活、保护生态环境的向往、畅想等内容。

2）讽刺、鞭笞、反映污染和破坏生活环境的行为、思想和理念。

2．组织机构

（1）大赛组织机构

1）大赛支持单位：生态环境部。

2）总决赛主办单位：中国环境科学学会。

3）总决赛承办单位：具体执行方。

4）总决赛协办单位：各分赛区承办单位。

5）总决赛组委会：由大赛支持单位、主办单位和协办单位的领导和专家组成。

6）总决赛评审委员会：由环保领域、科普领域、艺术领域的专家组成。

（2）分赛区划分及承办单位

按照全国省份布局划分，也可以由个别实力较强的单位分片区组织多个省份开展活动。原则上，各分赛区不再设置二级分赛区，如确需设立市级分赛区，需征得主办方书面同意后方可执行。

3．作品类别和奖项设置

（1）大赛设成人组和未成年人组进行比赛和评奖。

（2）征集作品类别

成人组：动画、漫画（含插画、平面广告）、摄影、微电影。

未成年人组：漫画、摄影。

（3）奖项设置

1）设评委会大奖 1 名；

2）成人组设动画、漫画、摄影、微电影一、二、三等奖；

3）未成年人组设漫画、摄影一、二、三等奖；

4）总决赛设置优秀赛区及优秀组织单位奖。

4．组织实施

（1）大赛周期：8～10 个月

（2）时间进度安排

第一阶段：组织筹备阶段

1）时间：2 个月

2）工作内容

确认大赛、分赛区组织机构；组建专家评审委员会；签订分赛区承办协议；设计制作相关文件、宣传材料、大赛官方网页；召开新闻发布会。

3）主办方工作内容

组建总决赛组织机构；组建总决赛专家评审委员会；与分赛区完成承办协议内容的沟通与协商；完成相关通知、海报、大赛官方网页的设计制作，注册投稿邮箱；组织召开新闻发布会。

4）分赛区承办单位工作内容

与主办方协商沟通并确认承办协议内容；组建本赛区组织机构，制定详细大赛方案并上报主办方备案；组建分赛区专家评审委员会并上报主办方备案；参加新闻发布会。

第二阶段：作品征集阶段

1）时间：4 个月

2）工作内容

印发大赛通知，网络、纸媒配合大赛开展宣传；接收、整理选手参赛作品；网络展示及票选。

3）主办方工作内容

开展国家级媒体、门户网站、专业网站和电视台的宣传工作；完成大赛官方网页内容的管理、编辑、更新等工作；完成与分赛区的及时协调与沟通。

4）分赛区承办单位工作内容

开展本赛区媒体、网站和电视台的宣传工作；负责本赛区通知、海报的分发、张贴工作；组织联络本赛区相关单位、专业院校等开展作品创作；负责赛区参赛作品的整理、编辑、上传工作；负责本赛区赛事进展的报道工作。

第三阶段：分赛区评选阶段

1）时间：1个月

2）工作内容

分赛区作品评选、公示、结果发布；推荐获奖作品参加总决赛评选。

3）主办方工作内容

督促、监督分赛区开展评选、公示、结果发布等工作，保障分赛区工作的顺利开展。

4）分赛区承办单位工作内容

开展参赛作品的整理和评审材料的制作；召开专家初审会议和终审会议，评选奖项；对评审结果进行公示和发布；按要求制作材料，推荐获奖作品参加总决赛评选。

第四阶段：总决赛评选与表彰阶段

1）时间：1个月

2）工作内容

总决赛评选、公示及结果发布；召开颁奖会议。

3）主办方工作内容

制作总决赛评审材料；召开总决赛专家评审会议；评审结果公示及发布；制作相关奖牌、证书；适时召开颁奖会议；开展获奖作品、颁奖会议的宣传工作。

4）分赛区承办单位工作内容

将总决赛评选结果及时转达给各位获奖选手；组织获奖选手参加颁奖会议；自行举办本赛区颁奖及表彰大赛；配合本赛区媒体、网络开展总决赛评选结果、颁奖会议的宣传工作。

第五阶段：作品展示与推介阶段

1）时间：2个月

2）工作内容

编辑出版获奖作品集；向合作媒体、相关杂志、网站、电视台推荐获奖优秀作品并刊登、展播；推荐优秀作品参加国际相关赛事评选。

3）主办方工作内容

编辑出版总决赛优秀获奖作品集；向国家级合作媒体、相关杂志、网站、电视台推荐获奖优秀作品并刊登、展播；选送优秀作品参加国际相关赛事评选。

4）分赛区承办单位工作内容

编辑本赛区获奖作品集（自行决定是否出版）；向本赛区合作媒体、相关杂志、网站、电视台推荐获奖优秀作品并刊登、展播。

5. 作品接收与上传

大赛需要开通网络平台主入口：

①大赛统一给各赛区一套用户名与密码，用于登录官网后台，上传本赛区参赛作品和赛区新闻。

②由每个分赛区统一注册邮箱，各赛区负责本赛区参赛作品的收集与整理。

③在开始接收作品两个月后，所有作品有序上传到官网。待作品接收截止后，将所有文件整理刻盘。

④作品统一编号，如"S1S00001"，其中"S1"表示赛区一参赛，"S"表示摄影，"D"表示动画，"W"表示微电影，"M"表示漫画，"00001"按照接收作品先后顺序编号（总决赛评选会议将对推荐作品统一重新编号，避免地域对作品参评产生影响）。

6. 宣传与推广

①大赛的官网为主办方所属中国环保科普资源网。网络将在首页显著位置开辟"全国环保科普创意大赛"专区。网页将明确各分赛区的入口。

②除主办方组织的新闻发布会、颁奖等大赛新闻通稿以外，鼓励各分赛区根据自身情况和需要开展宣传。

③大赛的标志、名称、主题、赛制等相关内容，由主办方统一发布，各分赛区可以直接使用。

④大赛宣传海报由主办方统一设计并发布，海报中为各分赛区预留位置，填写分赛区主办、承办等相关信息。各分赛区可以自行填写并印刷宣传，也可以直接使用统一海报进行宣传。分赛区需将海报张贴于所在城市参与大赛的大专院校或商业区、繁华街道等。

⑤总决赛的官方合作媒体（电视台、网络、纸媒）由主办方发布。分赛区官方合作媒体由分赛区确定并发布。

⑥各分赛区为配合大赛的宣传推广所组织的各项大赛，要有一家指定卫视（或地方电视台）、一家指定省级报社、一家指定网站进行宣传报道，充分利用当地媒体共同宣传赛事。

⑦分赛区赛事各阶段媒体推广、路演、花絮等文字原始稿件（报纸或刊物）、视频资料于第一时间向主办方申报备案。

7. 经费管理

①分赛区工作经费由分赛区承办单位自筹。

②总决赛工作经费由主办方自筹。

③招商。主办方不参与、不干涉各分赛区的招商工作，各分赛区可以利用自身资源开展大赛的招商工作，需要主办方配合的工作需要提前向中国环境科学学会申报备案；招商中，不得对全国大赛进行冠名，只可以对分赛区赛事进行冠名；招商合作伙伴中，不得出现与"环境保护"精神背道而驰的行业和企业，如重污染企业、香烟类企业等；各分赛区在招商中需要慎重选择社会形象好，对环境保护、社会发展有益，与大赛筹办精神一致的企业进行合作。

④大赛不得收取或变相收取参赛单位和个人的任何费用。

二、科普资源开发实践

（一）"环保科普丛书"开发

2010—2018 年，环境保护部科技标准司、中国环境科学学会及其各分支机构共同建立了良好的组织协调机制，形成了一套包括进度把控、责任分工、质量保障等较为完善的工作模式。截至 2018 年 6 月底，共计完成"环保科普丛书"共 31 册图书的编辑出版工作，共计编写完成 3 000 个条目，总字数 160 万字，绘制相关漫画、插图 2 400 幅。图书编写过程中，广泛动员中国环境科学学会、分支机构、会员单位和相关研究院所、高校的专家参与编写工作，参编专家共计 300 人次，参编单位 100 家，召开各类大纲、书稿讨论会 143 次，最大限度地保证了图书内容的全面性、科学性。

"环保科普丛书"是在原环境保护部科技标准司的指导以及中国环境科学学会专家的积极配合下，由专业配图公司完成的相关漫画和插画的绘制，既保证了所有配图的画风一致，又保证了配图内容与文字间的相互呼应，极大地增强了丛书的趣味性和观赏性。此外，所有书内条目内容翔实，均可独立成篇，配以插图后，可以单独进行传播和使用，极大地丰富了环保科普基础素材和资源数量。

　　丛书通过中国环境出版集团正式出版发行，除新华书店等常规销售外，在京东、当当等网上图书销售平台进行全国发行销售。此外，丛书出版后，分批次赠送给全国地市级以上党委、政府、人大、政协和环保、科协等部门，用于阅读宣传；部分图书通过原全国政协教科文卫体委员会赠送给社区居民，《PM$_{2.5}$污染防治知识问答》在2013年"两会"期间被参会代表广泛传阅；依托图书开发的挂图、宣传册在全国科普日等各类活动中广泛使用；在中国环境科学学会科普部建设的中国环保科普资源网开设了图书专题页面，部分词条也同步在网上进行传播，力求形成系列精品科普资源，为社会提供优质科普服务。

（二）环保科普漫画图书开发

　　漫画作为一种集故事、知识、艺术于一体的表现形式，以更直观、更有效、更生动的方式，紧跟时代潮流，贴合当代知识传播模式，在社会公众之间尤其是在青少年之间传播非常广泛。为了满足青少年对环保知识的需求，自2015年起，在原环境保护部科技标准司的指导下，中国环境科学学会联合著名国家级动漫企业茗卡通公司，共同创编了一套名为"嗨，我是地球"的环保科普漫画图书，内容涉及大气污染、垃圾、核放射、重金属污染、土壤污染、湖泊水体污染、电子废物、室内环境污染以及绿色消费和自然资源守护等，为保证图书内容兼顾趣味性、知识性、科学性以及公众的关注度，在图书编写过程中，多次邀请中国环境科学学会各相关分支机构专家、艺术界权威专家、动漫大师、初高中教师以及不同群体社会公众共同对稿件进行讨论审定，截至2017年年底，共计完成10册图书的编辑出版工作，全套图书约1 300页，绘制相关漫画、插图1 000多幅。本套图书故事情节全部由茗卡通公司完成，内容参考已开发完成的"环保科普丛书"。为保证本套图书品质，本套漫画图书故事情节更新颖，绘图更流畅、人物更形象，这些都极大地增强了丛书的趣味性、观赏性和可读性。此外，每册图书中还有穿插设置的环保小游戏。

　　全套图书由吉林出版社正式出版发行，在各大图书网络平台以及线下书店都有销售，赢得了众多中小学生的喜爱，销量颇丰。除赠送给中国科协、原环境保护部以及地方环保厅局等环保机构，在中国环境科学学会举办的各种大型环保科普活动、科普日以及科技周活动中，本套图书也被赠送给普通公众进行推广宣传，同时也吸引了一些企业、学校的购买。与普通环保科普图书相比，漫画类科普图书传播速度快、人群覆盖面广、科普效果更佳。

（三）环保科普系列动画开发

随着互联网技术加快发展，自主生成短视频应用的影响力不断增强，公众通过短视频来接受知识的占比也越来越高，因此，从 2016 年起，中国环境科学学会组织中央美术学院、北京电影学院、中影集团、动漫制作专业公司等，以创作精品环保科普动画作品为核心，创作了一系列高质量的环保科普系列动画作品，目前为止已开发完成 150 集，每集时长都在 2 min 左右，满足现代阅读停留时间。动画内容包含了 $PM_{2.5}$、VOCs、电磁、生活垃圾、环境与健康、环境监测、绿色消费、电子废物、化学品、铅汞、土壤、水以及其他环保热点话题、热点行动、"两会"等，主要针对公众关心的环保热点话题以及突发环境事件，通过筛选已开发的科普图书中的相关内容，或者动员、组织科学传播专家编写创作科普文章来确定具体内容，然后再由动漫制作公司人员对此进行二次开发，编写脚本，经中国环境科学学会组织专家审核后，进行系列科普动画的制作。中国环境科学学会经过多年的科普作品创作，与众多漫画、微视频等专业创作团队形成了良好的合作关系以及成熟的合作模式，能够很好地组织专业编辑、导演、技术人员进行环保科普作品的定向创作，这些极大地保证了环保科普动画的知识性、科学性、趣味性。

系列动画获得了科技部、中国科协、原环境保护部等多个部委的认可，两部动画获得了科技部优秀科普微视频奖，40 余部动画在中国科协"科普中国"平台发布，在原环境保护部多个司局的支持下，针对环境保护几个专项行动以及机构改革等热点话题，开发了 5 部相关动画，并在其官方微博、微信推送。另外，动画还在腾讯、今日头条等平台推出，力求传播范围更广。

附　录

一、环保科普资源开发目录

序号	名称
一、环保科普丛书	
1	湖泊水环境保护知识问答
2	地下水污染防治知识问答
3	铅污染危害预防及控制知识问答
4	城市生活垃圾处理知识问答
5	土壤污染防治知识问答
6	电子废物利用与处置知识问答
7	固体废物管理与资源化知识问答
8	电磁辐射安全知识问答
9	$PM_{2.5}$ 污染防治知识问答
10	绿色消费知识问答
11	POPs 污染防治知识问答
12	室内环境与健康知识问答
13	自然资源永续利用知识问答
14	VOCs 污染防治知识问答
15	环境与健康知识问答
16	核电厂核事故防护知识问答
17	$PM_{2.5}$ 污染防治知识问答（续）
18	化学品环境管理知识问答
19	水环境保护知识问答

序号	名称
20	汞污染危害预防及控制知识问答
21	危险废物污染防治知识问答
22	固体废物进出口管理知识问答
23	城镇排水和污水处理知识问答
24	农业污染防治知识问答
25	生态文明知识问答
26	农村环保知识问答
27	畜禽养殖污染防治知识问答
28	环境遥感知识问答
29	环境噪声污染防治知识问答
30	环境管理知识问答
31	饮用水安全知识问答
二、环保科普漫画图书	
1	嗨，我是地球——大魔王来袭
2	嗨，我是地球——劲爆核世界
3	嗨，我是地球——铅汞大作战
4	嗨，我是地球——雾霾通缉令
5	嗨，我是地球——土国历险记
6	嗨，我是地球——超级绿色购
7	嗨，我是地球——电子末世界
8	嗨，我是地球——资源守护者
9	嗨，我是地球——室内大作战
10	嗨，我是地球——湖龙王再战
三、环保科普短视频	
1	$PM_{2.5}$动画系列（27 个）
2	生活垃圾系列（10 个）
3	VOCs 系列（16 个）
4	电磁辐射系列（15 个）
5	环境与健康系列（18 个）
6	生态保护红线系列（4 个）
7	环保热点问题系列（10 个）
8	2017 年及 2018 年"两会"、党的十九大系列（7 个）
9	环保专项行动系列（3 个）
10	机构改革、环境日（2 个）
11	绿色消费系列（10 个）
12	环境监测系列（10 个）

序号	名称
13	电子废物系列（10个）
14	室内环境与健康（10个）
	四、环保科普宣传册
1	生活垃圾处理与再生利用科普宣传册
2	公众防护 $PM_{2.5}$ 科普宣传册
3	绿色汽车　低碳出行宣传册
4	危险化学品事故公众防护知识宣传册
5	化肥使用环境安全技术导则宣传册
6	农药使用环境安全技术导则宣传册
7	畜禽养殖污染防治宣传册
8	村镇生活污染防治宣传册
9	环境与健康素养科普宣传册
10	守护多样之美科普宣传册
	五、环保科普挂图
1	大气污染防治科普挂图
2	绿色消费系列挂图
3	生活垃圾处理与再生利用挂图
4	幼儿园小班环境知识挂图
5	幼儿园中班环境知识挂图
6	幼儿园大班环境知识挂图
7	畜禽养殖污染防治挂图
8	村镇生活污染控制挂图
9	化肥使用环境安全技术导则挂图
10	农药使用环境安全技术导则挂图
11	农村环境与农民健康挂图
12	环境法律科普知识

二、国家生态环境科普基地名录

受生态环境部和科学技术部委托，中国环境科学学会负责国家生态环境科普基地的创建工作。截至2018年，国家生态环境科普基地数量达到75家，涵盖科技场馆、保护地、企业、产业园区、科研院所、教育培训机构等多个类型，地域覆盖我国东部、中部和西部地区的23个省（区、市），年接待超过5 000万人次参观。

A. 场馆类

1. 张掖湿地博物馆

张掖湿地博物馆由主体工程、附属工程和室外景观工程三部分组成，占地面积 20 万 m²，总投资 1.3 亿元。其中，主体工程建筑面积 5 571 m²，室内布展 5 500 m²；附属工程湿地观鸟塔建筑面积 348 m²、高 42.6 m，游客服务中心建筑面积 1 200 m²；室外景观工程堆砌岛屿 12 个，架设栈桥 23 座、栈道 1.5 km，水域面积 7.6 万 m²，打造了一个"馆在水中，岛桥相通，水路交错"，具有南国湿地特色，集收集、展示、宣教、科普、研究于一体的西北地区第一个城市湿地博物馆。

张掖湿地博物馆旨在深度挖掘张掖固有的内陆湿地文化内涵，宣传历史文化名城的深厚底蕴，让世界了解张掖，让人类关爱湿地。馆内布展坚持以自然、湿地、生态为主线，以"戈壁水乡、生态未来、古城文明"为主题，以"塞上江南·印象张掖""地貌大观·多彩张掖""丝路重镇·人文张掖""湿地之城·生态张掖""城市未来·大美张

掖""湿地·生命的摇篮"为展示脉络，采用声、光、电控制技术和大量的标本、图片、文字等资料，建成了六大展区及 4D 影院、游客休闲区等基础设施，形象生动地展示了张掖黑河湿地的战略地位、地质地貌、自然资源、环境演变及生态保护成就。

2. 柳州工业博物馆

柳州工业博物馆于 2012 年 5 月 1 日建成并正式对外开放，目前已成为国家 AAAA 级旅游景区、全国博物馆 2012 年度"十大陈列精品奖"优秀单位、广西绿色环保教育基地、广西科普教育基地、广西爱国主义教育基地。

柳州工业博物馆总占地面积 11 万 m²，总建筑面积 6 万 m²，其中，室内展区设有"柳州工业历史馆""柳州企业风采馆""柳州生态宜居馆""机动展厅"等。柳州工业博物馆的建成，展示了一段生动、丰富的工业历史、工业科技和社会文化发展史，填补了广西工业类博物馆的空白，是广西乃至全国的第一所城市综合性工业博物馆。

主展馆"柳州工业历史馆"是利用原两层锯齿形的纺织车间改造而成的展馆，展陈面积 12 000 多 m²，展出了自 1902 年以来柳州所使用和生产的大中小型工业设备、产品等工业文物 6 200 多件（套），这些展品见证了柳州工业从无到有、从小到大、从弱到强的辉煌历程。

柳州工业博物馆在建设过程中，得到了市内外相关企业、各界人士的全力支持，共征集到 1902 年以来柳州所使用和生产的大中小型工业设备、产品等工业文物实物 6 200 多件（套），文献资料和图片、影像资料 25 000 多份。其中大量工业文物具有广西、全国"第一"和"唯一"的特性。这些珍贵的工业文物从不同侧面记录了广西乃至中华民族复兴的历史，也是柳州艰苦创业、敢为人先、自强不息、实业兴邦精神的真实写照。

3. 东北师范大学自然博物馆

东北师范大学自然博物馆是一座综合性的自然科技类博物馆，也称吉林省自然博物馆。始建于 1987 年 5 月 12 日，其前身是吉林省博物馆自然部。2001 年 1 月 1 日，吉林省政府将自然博物馆整建制划归东北师范大学管理，由吉林省政府与东北师范大学共同建设。东北师范大学自然博物馆馆藏标本 10 万余件，以全面反映吉林省资源状况的动物、植物、岩石、矿物和古生物化石标本为主，还包含来自世界各地的珍稀动物标本。其中馆藏重要标本有 1989 年吉林省扶余县出土的披毛犀完整骨架化石，1996 年吉林省乾安县出土的原始牛完整骨架化石、中华龙鸟化石、亚洲象、东北虎、丹顶鹤、中华秋沙鸭、金斑喙凤蝶等。东北师范大学自然博物馆以长白山自然生态系统作为展陈主线，生动展现了长白山动植物保护情况及物种保护概况，是极具地方特色和环境保护特色的博物馆。博物馆建筑面积达 14 700 m^2、展厅面积 6 000 m^2、库房面积 3 000 m^2。东北师范大学建有一支以学校知名教授领衔的自然博物馆专职队伍，还建立起一支 500 余人的科普志愿者队伍。创（录）作了形式多样的科普图书、科普动漫作品，并不断创新展示形式，确保科普展示和科普活动不断出新。

4．无锡博物院

无锡博物院成立于 2007 年 10 月 15 日，由原无锡博物馆、无锡革命陈列馆和无锡科普馆"三馆合一"组建而成，2008 年 10 月 1 日正式对外开放。建筑面积 71 000 m²，是无锡市目前最大的公共文化服务设施，实行全年无休免费开放，年平均参观人数达 60 万人次。博物院内设有"太湖与无锡"展厅，充分利用声、光、电、数码、多媒体等高科技展示手段，着重诠释太湖的形成与演变、太湖独特的自然环境与生态资源、太湖的污染与生态治理，从而呼吁大众保护环境，保护水资源，保护太湖。

为进一步扩展辐射范围，无锡博物院推出了"快乐科普行，畅想科技梦"绿色科普宣传系列活动，定期将环保科普主题巡展、科普剧、科普讲座等公众喜闻乐见的活动送进无锡市各学校、社区、福利院、养老院等，共享科普资源，拓宽活动范围，加大影响力度，使环保教育活动以多元的形式开展起来。

5．包头市科学技术馆

包头市科学技术馆位于包头市境内，与包头市"城中草原"——赛汗塔拉公园毗邻，在科技馆周围设有体育场、体育馆、国际会展中心、包头大剧院、包头城市规划馆等地标性建筑群，是包头寓教于乐、教育培训的中心地带。包头市科技馆建筑总面积为 24 866 m²，展示面积为 11 440 m²，是包头市唯一一家传播科学知识、体验科技生活的科普场馆。设有分布于"儿童科学乐园""探索与发现""科技与生活""宇宙与生命"四大主题展厅的 15 个展区，还有 1 个 XD 影院、1 个面积为 800 m² 的临时展厅和 8 间科普培训室。

包头市科学技术馆是隶属于包头市科学技术局的全额事业单位。该项目于 2007 年由包头市青山区政府实施，由内蒙古新雅设计院设计、青山区城建局建设。

包头市科技馆展览内容突出"理解科学、感恩自然"的主题思想，鼓励观众通过动手动脑、亲身参与的方式体验科学现象和科学原理的发现过程，感受科学发现、发明创造对人类社会发展产生的深刻影响，了解包头市在科技创新领域取得的新成就，体会科技的日新月异的发展给生活带来的巨大变化。

6. 青藏高原自然博物馆

青藏高原自然博物馆总占地面积 17 961.88 m^2，主场馆总建筑面积 14 692.76 m^2，是目前国内最大的自然博物馆，也是青海省首个由国有企业投资建设的大型专业博物馆。现已完成总投资 1.2 亿元。馆藏标本总量达 3.2 万件。

博物馆以宣传青藏高原自然生态和地理地貌、推动生态环境保护为宗旨，以"山宗水源、圣境博纳"为理念，以打造青藏高原自然艺术殿堂和大美青海的金色名片为目标，以珍贵的动植物标本、逼真的山川造型、精美的景柜设置、先进的多媒体手段，生动再现了青藏高原特别是大美青海的绮丽风光、地质地貌、宝贵矿藏、动植物种群、生态特征、自然规律。24 个单元展项集科普性、观赏性、艺术性于一体，是认识青藏高原的亮丽窗口、传播生态文明理念的生动载体、体验大美青海的特殊基地。

7. 四川科技馆

四川科技馆位于成都市中心天府广场北侧，由原四川省展览馆改建而成，占地面积 60 000 m^2，建筑面积 41 800 m^2，展示面积约 25 000 m^2，1 楼到 3 楼分别以"三问——问天、问水、问未来""三寻——寻知、寻智、寻迹""三生——生命、生存、生活"为主题，生动形象地展示了航空航天，都江堰水利工程，数学、力学、声学等基础学科，机器人，科学生活等相关方面的科学知识，共计 16 个展区 360 件（项）展品，馆内还建有 4D 影院、飞向未来剧场、机器人剧场、生命起源剧场 4 个特色剧场。

8. 浙江自然博物馆

浙江自然博物馆是一座以"自然与人类"为主题，以提高公众自然科学文化素养和生态系统保护意识为宗旨，集科普教育、收藏研究、文化交流、智性休闲于一体的，具有先进理念、体现浙江特色、国内规模最大的一流现代自然博物馆。博物馆位于杭州文化、商业中心，交通便利，人流聚集。馆舍面积 2.6 万 m^2，其中陈列展示面积 1.2 万 m^2。展陈内容丰实，环保科普主题突出，展示手段多元、理念先进。浙江自然博物馆利用馆内的资源优势、创新形式，开展了上百次形式多样的环保科普活动，结合市民关注的热点适时推出环保科普主题的展览，每年安排 3～4 次下乡免费巡展，与杭州市 150 所学校建立了固定联系，通过巡展、有奖征文、专家讲座等多种形式向公众宣传普及环保科普知识及环保理念，深受公众欢迎。

9. 中国杭州低碳科技馆

中国杭州低碳科技馆是全球第一家以低碳为主题的大型科技馆，集低碳科技普及、绿色建筑展示、低碳学术交流和低碳信息传播等职能于一体，是广大青少年学习科学、开展环境保护和应对全球变暖的"第二课堂"。

　　低碳科技馆于 2006 年立项；2009 年，建设目标由综合性科技馆变更为低碳主题科技馆。场馆独特的功能定位和运行模式，在国内科技馆界独树一帜。整个建设过程中，展示方案、建筑设计方案、展品展项、建筑施工内容等不断深化、优化，最终促成低碳科技馆土建于 2012 年 5 月竣工验收，展项于 2013 年 1 月竣工验收。

　　场馆建筑体因地制宜地采用了太阳能光伏建筑一体化、日光利用与绿色照明技术等十大节能技术，内部的布展材料及施工、展品材料及制造过程等均坚持绿色低碳。目前，场馆已获得住房和城乡建设部颁发的"三星级绿色建筑设计标识证书"及"运行标识证书"，是国内第一家获得这两项认证的科技馆，是绿色建筑的典范。

　　场馆以"低碳生活，人类必将选择的未来"为主题，以低碳为主线，传播低碳理念，服务生态文明建设。场馆坚持低碳理念，首创把低碳理念和分布在地质、气候、能源、环境、化学、机电一体化、机器人等多学科、多领域的知识转化为系统性的展品展示，并顺利运营；以常设展览为基础，初步形成系统性的常设展览，扩大科技馆外延；以"十大绿色节能技术"运用为载体，现实演绎并弘扬低碳理念。

B. 保护地类

10. 重庆园博园

重庆园博园位于国家综合配套改革试验区——重庆两江新区核心区，建成于 2011 年 11 月，是第八届中国（重庆）国际园林博览会会址。园区占地 220 hm^2，其中水域 53.36 hm^2、绿地 191.3 hm^2（含水体），绿化率 86.9%，是一个集自然、人文、生态景观于一体的超大型城市生态公园。

重庆园博园充分利用自然和人文条件，因地制宜地设计为"山拥水环、一轴两星一环"的格局，分为入口区、景园区、展园区和生态区四大区域，形成主展馆、巴渝园、龙景书院、候鸟湿地、荟萃园等 26 景。共有国内外 134 个城市、单位和个人参与建成的北方园、江南园、岭南园等 10 大展区 127 个展园，集天下园林精华，集中展现了国

内外不同地域独特的历史人文，突出表现了中华传统园林、山水园林、巴渝园林、节约型园林、引领园林科技发展方向和群众广泛参与等六大特色。公园植物方面，着力对原有植物群落进行生态修复，大量使用乡土植物，充分利用独特地形地貌，结合景区主题打造植物意境。

重庆园博园逐步完成了智慧景区、节约型园林示范区、雨水收集、湖水引灌、厕所尾水处理、湿地科普建设、龙景湖水系水质保障等重大项目，使重庆园博园成为市民喜爱、游客络绎不绝的城市生态后花园。

11. 甘肃祁连山国家级自然保护区

甘肃祁连山国家级自然保护区是 1988 年经国务院批准成立的森林和野生动物类型自然保护区，位于甘肃省境内祁连山北坡中、东段，地跨武威、金昌、张掖 3 市的凉州、天祝藏族自治县，古浪、永昌、甘州、山丹、民乐、肃南裕固族自治县 8 县（区），位于东经 97°25′～103°46′、北纬 36°43′～39°36′，总面积 265.3 万 hm²，约占全省土地总面积的 5.8%。保护好祁连山北坡典型森林生态系统和野生动物资源、发挥最大的森林水源涵养效能、维护生物多样性是保护区的主要经营管理目标。

区内分布有国家重点保护植物 34 种、国家一级保护动物 14 种，已记录的昆虫共 16 目 175 科 1 609 种。海拔 4 000 m 以上发育着 1 219 条现代冰川，冰川面积 485.39 km²，冰储量达 158.1 亿 m³。保护区通过祁连山森林、草原、湿地等生态系统涵养调蓄山区降水、冰川和积雪融水，具有突出的水源涵养作用。每年有 56.3 亿 m³ 出山径流通过石羊河、黑河和疏勒河等三大内陆河水系，灌溉河西走廊 70 多万 hm² 良田，养育河西走廊 480 万人口，提供 500 多万头牲畜的饮用水和近千家工矿企业的生产用水，维系着河西走廊绿洲生态平衡和经济社会的发展，减缓、阻挡了库姆塔格、巴丹吉林和腾格里三大沙漠的汇合与前移，保证了西北地区工农业生产、国防建设、312 国道、欧亚大陆桥的安全，同时形成了遏制华北地区风沙灾害、保障北方地区生态安全的天然屏障。

12. 南宁青秀山风景名胜旅游区

青秀山风景名胜旅游区位于广西首府南宁市中心，核心景区面积 6.43 km^2，规划保护面积 13.54 km^2。青秀山以南亚热带植物景观为特色，是南宁创建"中国绿城"和荣获"联合国人居环境奖"的重要因素，也是其生态核心示范区。

青秀山风景区是南宁城市中心环保科普设施最完善、绿地面积最大、生态景观最好的风景区。风景区植被丰富，形成了规模巨大的城市亚热带植物群落，建设了世界著名的千年苏铁园等十多个精品园林景观景点。其中千年苏铁园已成为国家一级保护濒危植物——苏铁的迁地保护基地，是全国"景观最好、树龄最老、胸径最大、植株最高"的苏铁专类园，有力地推动了苏铁的环保科普、保护、研究与发展。

景区建设了集科普展示及旅游观光于一体的环保科普场馆。如青秀山种苗基地、青秀山友谊长廊、环保科普中心等，通过各种互动形式，向游客进行环保科普展示、普及绿色环保科学知识。

13. 赤水桫椤国家级自然保护区

赤水桫椤国家级自然保护区始建于 1984 年，1992 年被国务院批准为国家级自然保护区，2010 年其丹霞地貌被列入世界遗产地名录。该保护区属野生植物类型保护区，保护对象中的桫椤是 1.8 亿年前的孑遗植物，被称为"活化石"，集中分布 4 万多株，国内罕见。区内保护十分完好的丹霞地貌，是中国赤水丹霞地貌世界自然遗产的核心区，被称为"天然丹霞地质博物馆"和"中国侏罗纪公园"。赤水桫椤博物馆始建于 2003 年，占地 11 333 m^2，现有动植物标本 4 233 件。

14. 河北塞罕坝国家级自然保护区

河北塞罕坝国家级自然保护区位于河北北部、内蒙古高原东南缘，是阻止浑善达克沙地南移，护卫北京、天津乃至整个华北地区的第一道生态屏障，保护区面积 20 029.8 hm^2，保护对象为森林-草原交错带自然生态系统、滦河与辽河水源之地、珍稀濒危野生动植物资源，景观属于典型的森林-草原交错带自然生态系统，是河北坝上地

区各种原生性生态系统保存最完好、生物多样性最丰富、生物地理区系交错带最典型区域，是华北地区极具生态资源保护价值的保护区之一。于 2002 年经河北省人民政府批准建立，被原国家旅游局评定为国家 AAAA 级旅游景区；2005 年 9 月 18 日，被评为"中国最佳森林公园"，环境生态效益、经济效益和社会效益较为显著；2007 年 4 月，国务院以国办发〔2007〕20 号文件正式批准建立河北塞罕坝国家级自然保护区。保护区自建立以来，着力保护塞罕坝地区的自然环境和生物多样性，开展环境保护科普宣传教育，有效地保护了现有天然森林-草原交错带植被群落和辽河、滦河两河源头及丰富的草甸植被和沼泽湿地生态系统；逐步恢复了木兰围场原有野生动植物种群；也成为了研究北方森林-草原交错带植被区系、动物区系发生发展和生态系统发展演替的天然大课堂。

15. 集贤县安邦河湿地自然保护区

集贤县安邦河湿地自然保护区位于黑龙江省东北部，地处安邦河下游，北与桦川县相邻，东与二九一农场接壤，总面积 10 295 hm²，属于内陆湿地与水域生态系统保护区类型，是三江平原湿地的重要组成部分。于 2001 年 1 月晋升为省级自然保护区，安邦河国家湿地公园位于保护区东北部，2002 年 8 月开始建设，2011 年晋升为 AAAA 级旅游景区，同年被原国家林业局批准为国家级湿地公园。

安邦河湿地宣教馆、培训中心、北大荒民俗展馆、拓展训练营、湿地气象站主要用于环境知识的普及型介绍，以湿地为主题，贯穿湿地知识、环境问题、湿地动植物、湿地水资源四大主题，向公众介绍湿地的成因、变化、生物多样性、鸟类的迁徙、繁殖特点、环境面临的威胁、湿地对城市生产生活用水的净化过程等相关的环保知识，通过野外动植物辨识、标本和图片展示、大屏幕互动、环保游戏问答、环境保护手册和湿地知识手册免费发放等方式开展宣传教育活动，提高人们对自然的热爱和对参与环保宣传的兴趣，使人们在游览的同时潜移默化地接受环保教育。

安邦河国家湿地公园最大限度地保持自然湿地生态特征和自然风貌，顺应回归自然的生态旅游发展趋势，从而更好地保护、利用湿地资源和提高湿地生态系统功能，将公园建设成为集湿地生态环境保护与生态旅游、科普教育于一体的国家环境保护科普教育基地。

16. 江苏大丰麋鹿国家级自然保护区

江苏大丰麋鹿国家级自然保护区位于江苏省中部黄海之滨，是世界"最大的麋鹿自然保护区""最大的麋鹿种群""最大的麋鹿基因库"，被原国家旅游局评定为国家 AAAA 级旅游景区。自然保护区旅游参观区内设有包括麋鹿观赏园、麋鹿文化园、生物大观园

在内的集生态旅游、科普教育于一体的三大展示区，筹集资金近千万元打造了科普文化宣传设施，为开展环保科普宣传教育活动创造了良好的条件。保护区把科普宣传工作定位为提升自然保护区知名度和打造品牌景区的重要手段，在宣传湿地保护、生物多样性保护以及提升公众环境保护意识方面做出了重要贡献。该自然保护区除利用暑期、科普日、野生动物日、爱鸟周、湿地日、环境日等时机走进大中学校、机关、社区及周边城市开展正常性的科普宣教活动外，还不断创新科普载体、丰富宣教内容，使科普宣教活动常有常新。

17. 溱湖国家湿地公园

江苏省泰州市姜堰区溱湖国家湿地公园，是我国第二家、江苏省首家国家湿地公园试点单位，位于江苏省中部里下河水网地区，是江水（长江）、淮水（淮河）、海水（黄海）三水交汇的地方。园区目前对外开放面积 7 km^2，园内湖泊湛蓝、河网交织、洲滩岛屿星罗棋布、候鸟成群，现有各类植物 153 种、野生动物 97 种。优美湿地生态风光和溱潼水乡民俗文化构成了溱湖湿地公园的独特景观。

自 2003 年开园以来，溱湖风景区严格遵循"生态优先、全面保护、突出重点、合理利用、持续发展"的原则，立足自身优势和特点，坚持走湿地保护与可持续发展协调

共进的道路，先后投资近 10 亿元，大力实施了科普宣教中心、喜鹊湖度假村新（扩）建、湿地精品园、湿地体验园、探险乐园、军体乐园、农事乐园、麋鹿观赏园等景点设施建设；开展了湿地恢复、水环境治理等生态恢复工程，累计恢复湿地近万亩，栽植各类耐湿树木 450 多万株、水生植物 130 多万株，恢复本土绿地近 30 万 m^2；随着溱湖生态环境的改善，溱湖已日渐成为各种鸟类和野生动物栖息的天堂，据初步观察和统计，现在每年都有 30 多种近 10 万只候鸟在溱湖栖息，"万鸟云集，千鹭飞起"已经成为溱湖的一大景观特色。经过开发和利用，如今的溱湖湿地公园已形成以溱湖为主体的溱潼会船水文化景区，以中国溱湖湿地科普馆、科普长廊为主体的湿地科普教育区，以麋鹿故乡园、水禽园、鳄鱼馆为主体的湿地动物区，以湿地体验园、湿地精品园为主体的湿地生态展示区。

18. 江苏省泗洪洪泽湖湿地国家级自然保护区

江苏省泗洪洪泽湖湿地国家级自然保护区始建于 1985 年 7 月 1 日，位于泗洪县东南、洪泽湖西北部，地处南暖温带与北亚热带的过渡地带，包括部分湖面、滩地及溧河洼，湿地类型主要有浅水湖泊湿地、浅滩沼泽湿地、河流湿地等。2006 年 2 月 11 日被国务院批准为江苏省泗洪洪泽湖湿地国家级自然保护区，保护区总面积 49 365 hm^2，其

中核心区 16 663 hm^2、缓冲区 17 579 hm^2、实验区 15 123 hm^2。主要保护对象为内陆淡水湿地生态系统，国家重点保护鸟类和其他野生动植物、鱼类产卵场。

洪泽湖湿地保护区是一处以宣传"大湖湿地，水韵泗洪"为主要内容的环保科普保护区，自建立以来，保护区充分利用自身资源优势，积极开展了多种形式的湿地环境环保科学知识普及和环保教育活动，收到了较好的社会效益，先后被全国旅游景区质量等级评定委员会和中国科协授予"国家 AAAA 级旅游景区"和"全国科普教育基地"称号。

19. 江苏盐城国家级珍禽自然保护区

江苏盐城国家级珍禽自然保护区位于江苏中部沿海，主要保护丹顶鹤等珍稀野生动物及其赖以生存的滩涂湿地生态系统。1983 年经江苏省人民政府批准成立；1992 年被国务院批准为国家级自然保护区；同年 11 月成为"世界人与生物圈保护区网络"成员；1997 年加入"东北亚鹤类保护区网络"；1999 年加入"东亚—澳大利亚涉禽迁徙保护区网络"；2002 年被批准为重要国际湿地。总面积 247 260 hm^2，其中核心区面积 22 596 hm^2、缓冲区面积 56 742 hm^2、实验区面积 167 922 hm^2。

保护区有高等植物 559 种，其中野大豆、珊瑚菜、野菱、莲为国家二级重点保护植物。各类动物 2 007 种，其中鸟类 405 种、哺乳动物 31 种；国家一级重点保护野生动物有丹顶鹤、白头鹤、白鹤等 14 种；国家二级重点保护野生动物有 83 种，如獐、黑脸琵鹭等。每年来区越冬的丹顶鹤达到 600 余只，约占世界丹顶鹤野生种群的 50%；有 3 000 多只黑嘴鸥在区内繁殖；近千只獐生活在保护区滩涂。同时，盐城国家级珍禽自然保护

区还是连接不同生物界区鸟类的重要环节，是东北亚与澳大利亚候鸟迁徙的重要停歇地，也是水禽的重要越冬地。这里被誉为"动物的天堂，鸟类的王国，物种的基因库，天然的博物馆"。

20. 辽宁蛇岛老铁山国家级自然保护区

辽宁蛇岛老铁山国家级自然保护区地处辽宁省大连市，是以保护蛇岛蝮蛇、候鸟及其生态环境为主要对象的野生动物类型自然保护区。蛇岛陆地面积仅 73 hm²，但岛上分布有 2 万余条我国特有的蛇岛蝮蛇，为世界所罕见。老铁山是欧亚大陆候鸟南北迁徙的重要停歇地，素有"老铁山鸟栈"之称，具有不可复制性。蛇岛自然博物馆建筑面积 1 400 余 m²，采用现代布展手段，应用声、光、电等高新技术，以"自然保护"为主题，再现个体及种群生态、生态环境和生物物种的多样性。鸟类环志站占地 3 万 m²，保护区每年都组织开展观鸟、护鸟系列科普活动。

21. 内蒙古达里诺尔国家级自然保护区

内蒙古达里诺尔国家级自然保护区位于内蒙古赤峰市，是一个以保护草原生态系统和地质遗迹为主的综合性自然保护区，具有西部地域特色，环保特色，对当地经济、社会带动特色，内蒙古文化特色，交通便利。达里诺尔科普基地分室内和室外两部分，室内部分以自然博物馆为主。自然博物馆建筑面积 1 600 m²，是中国—加拿大两国政府合作的重要成果之一。博物馆利用高科技手段及现代化设备，运用图板、实物标本、三维动画、多媒体等互动装置和悬挂推拉式标语布进行展览；室外科普场所涉及范围 119 413.55 hm²。该基地每年对外开放时间为 9 个月，接待 12 万人次的游客和参观者，每年举办大量环保科普活动。

22. 宁夏沙坡头国家级自然保护区

沙坡头自然保护区是我国北方干旱、半干旱地区第一个荒漠生态类型的自然保护区，目前保护区已建成的科普站点主要有生物多样性科普展示馆、沙漠博物馆、治沙成

就展览馆、治沙研究科技馆、引种植物园、中国科学院沙坡头沙漠研究试验站、沙坡头景区等。室内科普场馆面积近 4 000 m²，室外展示面积近 70 km²，能够使公众了解荒漠生态系统、治沙防沙知识，感受草方格固定流沙及"五带一体"的铁路防护体系的治沙奇迹。该科普基地属国家 AAAAA 级旅游景区，年接待国内外考察、观光、教学实习、夏令营等各种人员 40 余万人。三年来，结合自身特点，充分发挥科普教育基地的优势，广泛开展了以荒漠生态、保护环境等为主要内容的形式多样的环保科普教育活动。

23. 宁夏苏峪口国家森林公园

苏峪口国家森林公园是宁夏重要的生态旅游景区，位于贺兰山中段，面积 9 000 余hm²，森林面积 838 hm²，拥有各种植物 500 余种，动物 169 种，国家一、二级保护动物37 种。由于受造山运动的影响，景区内还分布着大量的地质遗迹。苏峪口国家森林公园作为干旱、半干旱地区一个少有的具有代表性的自然综合体和比较完整的自然生态系统，是研究我国西北山地森林生态系统、植被更新与演替的一个保存比较完整的天然科研基地，是一个天然的种质资源宝库，具有重要的教学和科研价值。

2004 年，为了集中、形象、生动地向游客介绍贺兰山，开展生态环境科普工作，景区投资 1 200 万元，建设了贺兰山博物馆。贺兰山博物馆占地面积 3 万 m²，建筑面积3 000 m²。博物馆由珍稀动物馆、植物馆、昆虫馆、地质环境馆等 13 个展馆组成，陈列展品 500 余件。同时馆内运用先进的声、光、电技术，并配有专业的讲解员为游客提供讲解服务。

24．宁夏沙湖生态旅游区

沙湖生态旅游区位于宁夏回族自治区首府银川市以北 38 km 的平罗县境内,自 1989 年开发建设以来,现已达到了水通湖、路相连、岛成形、绿成片、鱼成湖、鸟成群的景观效果,形成了集"吃、住、行、游、购、娱"于一体的旅游综合格局,成为国家首批 AAAAA 级旅游景区和宁夏对外宣传的靓丽名片。宁夏湿地博物馆位于沙湖旅游景区南岸,是一所以湿地保护和鸟类博览为主要内容,集科普、科研、收藏、展览为一体的专业化湿地博物馆。2010 年 10 月 29 日落成开馆,建筑面积 4 520 m^2,总投资 3 500 多万元。结合声、光、电、像等科学技术,将湿地知识、湿地生物、湿地文化、湿地与人类关系、科普科研、收藏展览、演艺娱乐和旅游服务有机结合,是我国西北第一家以湿地为背景的博物馆。

25．山东黄河三角洲国家级自然保护区

山东黄河三角洲国家级自然保护区位于山东省东营市东北部黄河入海口处,北临渤海,东靠莱州湾,与辽东半岛隔海相望,地理坐标为东经 118°33′～119°20′、北纬 37°35′～38°12′,是以保护黄河口湿地生态系统和珍稀濒危鸟类为主体的湿地类型自然保护区。总面积 15.3 万 hm^2,其中核心区 5.8 万 hm^2、缓冲区 1.3 万 hm^2、实验区 8.2 万 hm^2。

　　该自然保护区自建立以来，在保护新生湿地生态系统和珍稀濒危鸟类等方面发挥了重要作用，先后被批准加入"中国人与生物圈保护区网络"、湿地国际亚太组织"东亚—澳大利亚涉禽保护区网络""东北亚鹤类保护区网络"，被国家列为湿地、水域生态系统具有国际意义的 16 处重要保护地点之一，2006 年被国家林业局确定为国家级示范自然保护区，2008 年被国家旅游局批准为 AAAA 级景区。

26. 九寨沟国家级自然保护区

　　九寨沟位于四川省阿坝藏族羌族自治州九寨沟县西部，面积 720 km^2。基地不但配备了专职人员负责科普宣传和讲解工作，而且充分利用不同地域特点，选择相应素材，对儿童、社区居民、大众游客、生态旅游者和景区员工等不同群体开展不同形式的科普活动。

　　其游客中心占地面积 1 764 m^2，建筑面积 3 200 m^2。设有民俗文化、动植物、地质、风景和历史 5 个展区，以电子沙盘、实物展示（动植物标本、生物化石、景区居民日常生活用品等）、展板展出、导游讲解等形式向游客介绍有关科学文化知识，并设有专门的"儿童天地"以针对儿童开展科普教育，以及一个学术报告厅。

在科普场地方面，既有游客中心等大型综合室内科普场地，也有扎如沟等野外科普教学实践场所，为组织开展环境科普工作提供了宽阔的平台；在环保科普作品方面，既在游客中心放置了《中国儿童百科全书》等全国性通用科普资料，又结合本地实际，编制了《九寨沟扎如沟生态手册》等系列科普读物。

27. 邛海湿地

邛海湿地位于四川省西南西昌市境内，是"邛海螺髻山国家级重点风景名胜区"的组成部分，2006 年被评为国家 AAAA 级旅游景区。邛海是四川省独自拥有的第一大天然淡水湖，水域面积 28 km²，平均水深 11 m，水面海拔 1 510 m，因两千多年前有一支"邛都夷"的氏族部落在其沿岸繁衍生息而得名。《汉书》《后汉书》分别以"邛池泽"和"邛河"之名将其载入史册。唐代以后民间普遍称邛海，文人雅士则多称邛池。

其科普宣教中心建筑面积 1 908 m²，展厅约 500 m²。主要以生态展示、科普教育、生态示范为主。设置了动植物标本、宣传资料、演示台、展板等。以邛海、泸山鸟类、昆虫、邛海鱼类、邛海各类湿地植物等为主进行动植物展示和邛海文化展示。馆外建有展示台、电子显示屏、实验设备、室外种植试验区、鸟类观测区、植物生长观测区、水生动物、植物观测区、气象观测站、生态监测点、环境监测站等。

28. 四姑娘山国家级自然保护区

四姑娘山国家级自然保护区位于四川省阿坝藏族羌族自治州小金县境内，属邛崃山脉。面积 4.85 万 hm^2，由横断山脉中四座毗连的山峰组成，根据当地藏民的传说，为四

个美丽的姑娘所化,因而得名。四个峰顶的海拔分别是:大峰(5 025 m)、二峰(5 276 m)、三峰(5 355 m)、四峰(6 250 m)。四姑娘山地理环境独特、优美,当地政府保护得当,随着海拔的逐渐升高,人在里边仿佛置身在一个天然的氧吧里,在同一个季节随着高度不同,我们可以感受到四季的存在。因其名字美丽,山势险峻,每年都吸引世界各地的很多登山爱好者来此征服它,也成了"驴友"和业余登山爱好者的首选之地。

29. 成都市锦江区白鹭湾湿地

锦江区白鹭湾湿地位于成都市锦江区三圣街道办事处辖区内。锦江区是成都市中心城区,占地面积 62.12 km²,人口 69.24 万,辖 16 个街道办事处。三圣街道办事处位于锦江区东南侧,占地面积 16.31 km²,人口 2.6 万,辖 6 个农村社区居委会。

白鹭湾湿地占地面积 13.3 km²,涵盖了三圣花乡景区及三圣花卉产业园,基本形成了以"花乡农居、荷塘月色、幸福梅林、江家菜地、东篱菊园"为特色的集生态旅游、文化宣传、环保教育为一体的"三圣花乡·五朵金花"景区,率先建成了成都市集科普、休闲、展示、生态保护于一体的白鹭湾湿地。先后获得国家级生态乡镇、国家级 AAAA 风景旅游区、中国花木之乡、全国首批农业旅游示范点、中国人居环境范例奖、国家文化产业示范基地、四川省省级中小学环境教育社会实践基地等荣誉称号。

30．西安汉城湖

西安汉城湖位于西安市未央区，成功策划实施了汉城湖龙舟赛、汉代开笔礼、汉代成人礼、汉文化艺术节、"丝路之源"汉文化主题节等多项活动，于 2010 年被水利部评定为"国家水利风景区"，2013 年 5 月获得"国家 AAAA 级旅游景区"称号，2014 年被水利部评定为"国家水土保持科技示范园区"。

其西安水土保持科普体验馆由陕西省水土保持局和西安市水务局联合在汉城湖国家水土保持科技示范园兴建，旨在向社会公众普及水土流失危害和水土保持知识，展示水保治理的巨大成就，提高全民珍惜水土资源、保护生态环境和保持水土的意识。

该馆展出面积约 600 m^2，分为锦绣序厅、流失隧道、水保百科、互动体验、启迪之旅五大单元，采用图文版面、视频投影、实体模型、幻影成像、5D 影院等声光电现代手段，融科普性、知识性、趣味性、互动性于一体，向广大公众全方位、多元化普及水土保持知识，是一座用于水土保持警示教育的科普体验馆。

31. 西双版纳原始森林公园

西双版纳原始森林公园位于昆洛 213 国道距离景洪市区 8 km 的菜秧河保护区内，南跨南板河，北以菜秧河为界，公园占地面积 27 025.5 亩，园内森林覆盖率为 98.6%，是目前北回归线以南保存较完好的一片原始森林。

森林公园于 1999 年 5 月 29 日建成并对外试营业，它以无法替代和复制的自然优势融汇了原始森林神奇的自然风光和浓郁的民俗风情，集中体现了"热带沟谷雨林""以孔雀文化为主的野生动物展示""以哈尼族爱伲人为主的民俗风情展示"三大主题特色，是一个集餐饮、住宿、娱乐于一体的综合性的生态旅游景区。

森林公园通过建设热带沟谷雨林、孔雀繁殖基地、猴子驯养基地、科普展览馆、濒危植物园、雨林栈道等多种硬件设施形成科普场所，拥有生态栈道 6 188 m、绿色长廊 2 000 m，还在沟谷雨林入口处增加建设"雨林八大奇观科普长廊"；并拥有科普类展板 88 块，其中野生动物类的展板 37 块、热带珍稀濒危植物展板 51 块，能起到较好的科普宣传作用。在软件方面，通过内部培训、外送学习等方式，提高科普类讲解员的讲解水平和能力，并拥有一名科普顾问，为景区提供科普宣传指导，更好地保证了科普知识的普及。

32. 杭州西溪湿地

西溪国家湿地公园位于杭州市区西部，距西湖不到 5 km，总面积 11.5 km^2。2005年 2 月 1 日，经国家林业局批复，西溪湿地成为中国首个国家湿地公园。在工程建设中，杭州市坚持"生态优先、最小干预、修旧如旧、注重文化、以人为本、可持续发展"六大原则，努力打造"生态西溪""人文西溪""休闲西溪""科普西溪"，始终把科研科普作为西溪湿地的重点和亮点。2007 年 5 月，国家林业局批复同意杭州开展中国湿地博物馆建设。

以"创新活动载体，争取互动合作，彰显西溪特色"为目标，立足生态文明建设，大力倡导环境保护意识，构建生态文化，弘扬人与自然和谐共处的价值观，与教育局、中小学校、社区和青少年活动中心等单位携手，开展丰富多彩的活动，提高青少年学生的环境保护意识。每年接待杭州市 30 多家中小学校来园开展"走进西溪"环保科普实践活动，年接待青少年 100 多万。

33. 雁荡山国家森林公园

雁荡山国家森林公园位于浙江东南沿海乐清市北部，位置得天独厚，是首批国家重点风景名胜区、AAAAA 级景区、世界地质公园。雁荡山森林资源丰富，森林蓄积量 8 万 m^3，森林覆盖率达 94%，物种繁多，地形地貌奇特，生态环境优越，空气、水体、声环境等质量均达国家一级或一类标准，土壤无化学污染，主要景区、景点的空气负离子含量经权威检测部门测定达 10 000 个/mL 以上。先后被评为全国首个国家级森林旅游试验示范区和浙江省重点生态公益林示范点，并获得"中国最具网络人气"最美森林旅游景区、浙江省五星级森林旅游区、"浙江省生态文化基地"、"国家生态文明教育基地"等称号。

常年对外开放、占地 23 亩的雁荡山博物馆通过"户外科普小园地"、景区"地质教室"、地质景点、动植物户外解说牌等形式，以及中国森林旅游节、世界环境日、地球一小时、爱鸟周、爱绿护绿植绿、科普讲座等丰富多彩的环保科普活动，在中小学生及社会公众中普及环保科技知识，展示雁荡山在生态恢复和保护、科研和科普教育、生态监测和预警等多方面的成果，在环保科普展览展示的内容和形式上，没有沿袭传统的模式，而是运用了高科技手段制造视觉效果，突出了环保知识的趣味性和实用性，每年的环保科普辐射人群数量可达 400 多万人次。

C. 科研院所类

34. 国家环境宣传教育示范基地

国家环境宣传教育示范基地是国家发改委批准建设、生态环境部主管的公众环境教育场所，也是中日两国环境宣传教育与技术领域合作的具体成果。创建于 2015 年，位于中日友好环境保护中心院内，总建筑面积约 1 200 m^2；通过展览展示、科普体验、环保培训、环境教学等多种方式宣传环保知识、推广环境理念，是功能完备的公众环境教育场所。

宣教基地建筑面积约为 1 200 m²，主要包括一层环境知识和地下一层互动体验两个展区，其中一层展区分为"文明的反思""只有一个地球"和"走进生态文明新时代"三个部分，地下一层展区主要是关于水、能源和资源回收利用的环保科普和体验内容。宣教基地对社会各界免费开放，是公众系统性开展环境学习的场所。

35．中国核工业科技馆

中国核工业科技馆是国家发改委批复建设的国家级行业馆，建设单位为中国核工业集团公司，建设地点位于北京市房山区新镇（中国原子能科学研究院生活区内），建筑规模为 12 393 m²。围绕"展示核工业、体现高科技"两大主题安排展区功能划分和展示内容的设计，既展示核工业的完整体系，又展示核科技的创新发展；既展示核工业成就，又展示核行业文化；既普及核安全和科技知识，又关注公众热点。布展以中国核工业建设成就和核科学技术知识为主，内容选取上体现"开放、包容、合作、共赢"的发展理念，兼顾系统内外和国内国际，不仅展示中核集团公司的行业领先地位，而且反映相关核行业的发展历程；不仅展示中国的核能利用技术，而且展示世界前沿的核科技发展方向。

面对未来，中国核工业科技馆将通过实物、模型以及多媒体等高科技展示手段，揭示核科技奥秘，普及核科技知识，以期说明"核技术具有广阔的应用前景""我们就生活在核环境中""核并不可怕""核是人类的朋友"，使公众增强对"核"的了解，消除核恐惧心理；同时介绍我国核工业体系，展示我国核工业成就和历史文化，进行核工业爱国主义教育，从而为"续写我国核工业新的辉煌篇章"营造良好的社会氛围。

36. 广西药用植物园

广西壮族自治区药用植物园创建于 1959 年，位于广西南宁市，占地面积 202 hm^2，是广西壮族自治区卫生和计划生育委员会直属的从事药用动植物资源收集、保存、展示、科普教育的公益性事业单位，是国家、广西和南宁市三级科普教育基地，2011 年被英国吉尼斯总部认证为"世界最大的药用植物园"。

现保存药用植物物种 10 021 种，建设有室内生态环保科普馆，面积达 1 200 m^2，配备有能容纳 400 人的影视报告厅。通过"五库一馆"的建设，建成了完善的药用资源保护平台，形成了具有世界领先水平的药用植物资源保育体系。

基地集科学研究、人才培养和科普宣传、生态保护于一体，围绕药用动植物资源的保护与可持续利用，依托广西药用植物园的科研平台（西南濒危药材资源开发国家工程实验室、广西药用资源保护与遗传改良重点实验室、广西中药原料质量监测站）和环保科普平台（全国科普教育基地、全国中医药文化宣传教育基地、广西科普教育基地），通过开展相关环保科普课题的研究和生态自然景观的建设，基于科研和建设成果，针对不同人群需求，开展了形式多样的科普教育和宣传，针对青少年开展了环保科普知识课堂，针对普通市民开展了环保知识讲座，针对乡村开展了生态种植项目，还通过与奥地利、东盟各国进行国际交流宣传，发挥南宁"一带一路"衔接点的作用，积极开展了面向东盟国家、面向世界的环保科普交流活动，为科普基地提供雄厚的科研基础、生态基础和人才保障。

37. 黑龙江省农业科学院土壤肥料与环境资源研究所

黑龙江省农业科学院土壤肥料与环境资源研究所始建于 1956 年，肩负着黑龙江省黑土资源与环境资源保护利用的重任。主要从事土壤资源与管理、土壤肥力与调控、土壤环境与健康等研究和农业产地环境研究。

研究所现已拥有农业室外综合展区、室内农业成果展区、现代化肥料加工展区三大部分。农业室外综合展区坐落于哈尔滨市民主乡国家农业科技示范园区，包括黑土肥力长期定位监测试验展示区以及黑龙江农业环境监测物联网研发中心民主乡观测站。室内农业成果展区占地面积共计 3 600 余 m^2，包括能容纳 500 人的多媒体影视学术报告厅和三个室内展示区域，室内展示区域分别为东北黑土成果综合展示区、黑龙江土壤标本馆展示区、国家重点实验平台农业环境物联网展示区。现代化肥料加工展区展示内容基于所企合作共建的现代化肥料加工企业——黑龙江中农欣欣农业科技发展有限公司，公司拥有现代化肥料生产加工参观基地。目前基地年接待社会各界参观、学习、交流近 10 000 人次，除室外园区受季节限制，室内展示区全年开放。面向社会各界人士、在校学生全面开放。

38. 泰州市环境监测中心站

泰州市环境监测中心站是受泰州市生态环境局直接领导、中国环境监测总站和江苏省环境监测中心业务技术指导的三级环境监测站，是具有环境监督管理职能的社会公益性事业单位。主要从事环境质量监测、污染源监测和环境科学研究，其宗旨是为环境决策管理提供技术支持、为环境执法实施技术监督、为社会经济建设提供技术服务。

其中，独立的综合实验楼建筑面积达 3 500 m^2，在设计时就秉承节能环保、智能安全的理念，整体采用智能温控、可变风量一体化设计，集完备的暖通、换气、纯水、气路、消防、监控、门禁等功能为一体，此外还建有先进的废水、废气净化处理设施。

39．连云港辐射环境监测管理站

连云港辐射环境监测管理站于 2003 年 3 月经连云港市人民政府批准成立，为连云港市生态环境局直属社会公益型事业单位，定编为 10 人。2014 年为加强对田湾核电站外围辐射环境的监督监测工作，市编委批准该站扩编至 20 人。业务上由江苏省核与辐射安全监督管理局指导。

该站主要职能是：负责田湾核电站外围辐射环境监测哨的运行维护工作；定期对田湾核电站周围的空气、水、生物、土壤等环境要素进行采样、预处理和分析测量；承担田湾核电站气态、液态流出物的监督监测；在核电站发生异常情况时，承担核应急监测任务；承担连云港市生态环境局下达的电离辐射和电磁辐射环境质量监测、污染源监督监测、环保验收监测等任务；同时，为公众提供辐射环境安全信息。

该站在综合办公楼一楼新建了核与辐射安全公众信息交流中心宣传展厅,展厅面积 210 m²,该展厅包括核与辐射基本知识、核技术利用、核电科普知识、电磁辐射、辐射防护、辐射监管等内容,利用模型、展板、互动类电子产品等方式来实现。展厅面向公众开放,让公众在互动中了解辐射基本知识、核能发电原理、核电主要堆型、辐射防护、核辐射环境监控基本数据信息等相关内容。

40．辽宁环保科学园

辽宁环保科学园建有辽宁省环境博物馆、工业遗存雕塑景观、生物标本馆、环境文化展厅。辽宁省环境博物馆内设五个展厅,内容包括辽宁环保的历史发展、辽宁环境情

况介绍、国家和省级自然保护区简介；全区内建有一体化热水-照明系统（太阳能、LED）、地热泵制冷、制热系统（地源土泵），雨、污水与中水回用系统，生态植物园、湖区（植物、野生大雁、鸭等），环境科学咨询中心、环境监测实验中心、环保科技服务中心和体育馆等功能区和设施。科学园具备现代化实验设备，教学场地与电化教学及演示设备，环境科技图书与环境科普出版物，环保和环境教育专家、环保志愿者讲解团队，生态保护实践区等互动交流的便利条件。

辽宁环保科学园于 2012 年正式开放，接待国际环保组织、各政府部门、高校学生及其他社会各界人士 200 余次，与沈阳市 40 余所中小学建立了暑期社会实践活动关系，为其提供一次免费的环境体验（教育）之旅。可提供参观与观摩，生态种养植实践，大气监测及流程（$PM_{2.5}$）等现场实验，生态文化（文明）、清洁能源利用、低碳环保和资源节约等设施及多媒体展示，环境友好讲座，科技图书与环境科普出版物阅览，环保科学发展与辽宁生态省建设成就展示等活动项目。

41. 沈阳市环境监测中心站

沈阳市环境监测中心站隶属于沈阳市生态环境局，肩负全市环境质量监测、污染源监测、服务性监测和科研性监测任务，是全市的环境监测技术中心、环境监测网络中心、

环境监测信息中心和固体废物分析中心。该站由一大基地站、两大卫星站和主题网络共同组成了"1+2×N（net）"的全新运行模式，是一个以全面展示沈阳环境监测技术能力和沈阳市环境质量的科普基地。在宣传展示方面突出了水、气、声、渣和生态等环保专业知识，特别突出宣传展示了环境监测领域的科学知识、监测站取得的科研成果、监测数据对国家经济和环境保护的重要性及与百姓生活的密切关系。该站具有高度的社会责任感，在完成监测科研任务的同时，常年投入环保科普公益事业，坚持不懈地开展环保科普活动，向市民、中小学生普及环保知识，为全国的环保科研院所做出了示范。

42.包头环境保护宣传教育馆

包头环保宣传教育馆自 2010 年年底开始建设，2014 年 6 月 5 日正式开馆运行，面向全社会有组织开放，每周四、周五下午为开放时间。

宣教馆位于办公大楼一层东侧，布展面积约为 956 m²，为跃层结构。共分 2 个展厅，一层约 402 m²，建筑层高 6 m，二层约 554 m²，建筑层高 3 m。一层通过陈展来呈现包头市环境保护战略思想随着包头市经济社会发展转型所发生的重大转变。二层注重体验式教育，通过体验式互动游戏做到寓教于乐、引人深思。一层展厅包括"印象包头""包头环保之路"和"包头环保成就"三个展区，展示方式有模型、文字、图片、影视、信息查询、实物等。二层展厅包括"我们的地球""我们的城市""我们的家"三个展区。以体验式互动游戏为主，通过模型、知识板文字、图片、互动游戏、信息查询相结合的方式向公众传达环保理念。

　　自 2014 年 6 月 5 日开馆至 2016 年 9 月底，接待社会各界参观共 16 400 余人次，其中包括各级领导、社会各界关注环保事业的热心人士、青年志愿者及中小学和幼儿园的孩子们。

43. 上海市浦东新区环境监测站

　　浦东新区环境监测站地处浦东新区小陆家嘴地区，是一家非营利性公益机构。浦东新区环境监测站科普教育基地项目从 2006 年开始筹备建设，一经立项，立即得到了新区各级领导的极大关注和支持。基地利用环境监测大楼有限的空间资源建成了展示区域，共设置 6 大板块的内容，包括国际环境问题、生物多样性、水环境、大气环境、固体废物和噪声等。监测站团员青年组成的志愿者服务队负责日常运营维护和参观讲解工作。

　　基地的主要目标是向社会大众普及环境科学知识，提高市民的环境意识；宣传环境保护工作，向广大市民公布环境质量状况；开展环保主题活动和环保课题研究，扩大公众的参与度。

44. 成都大熊猫繁育研究基地

　　成都大熊猫繁育研究基地位于中国四川省成都市成华区外北熊猫大道 1375 号，距市中心 10 km，距成都双流国际机场 30 余 km，是世界著名的大熊猫迁地保护基地、科研繁育基地、公众教育基地和教育旅游基地、"国家 AAAA 级景区"、"全球 500 佳"的环保先进单位。基地占地面积 1 500 亩。作为"大熊猫迁地保护生态示范工程"，以保护和繁育大熊猫、小熊猫等中国特有濒危野生动物而闻名于世。这里山峦含黛、碧水如镜、林涛阵阵、百鸟谐鸣，被誉为"国宝的自然天堂，我们的世外桃源"。基地于 2000 年在全国野生动物保护系统率先开展公众保护教育工作，成立科普教育部。在中国野生动植物保护协会的指导下，引入先进的保护教育理念和教育方式，针对当今环境热点问题，从公众意识、情感、行为多层面在基地和深入到全国城市社区、大中小学、幼儿园和农村开展了一系列丰富多彩的保护教育项目，获得了广大青少年和国内外志愿者、动物爱好者的高度赞誉和好评。目前基地和众多国家、机构开展合作，建立了广泛的联系和合作网络。先后获得了"全球 500 佳""全国青少年科技教育基地""国家科普教育基地""国家生态环境科普基地""四川省和成都市的科普教育和生态保护示范基地""成都市未成年人社会主义核心价值观实践教育示范基地"的称号。

45. 四川省辐射环境管理监测中心站

　　四川省辐射环境管理监测中心站主要开展四川省辐射环境质量监测以及对四川省境内的核设施、同位素、核与辐射技术应用、电磁辐射项目进行辐射环境监督监测、环境影响评价及辐射样品的委托检测（监测）工作；负责全省民用放射性废源、废物的监测、收贮；负责四川省城市放射性废物库运行、管理和安全保卫工作。该站于 2003 年 6 月通过四川省计量认证，2008 年 11 月 1 日，中心站通过了国家级计量认证，于 2013 年 11 月通过国家实验室认可。

　　科普以老百姓日常生活中所涉及的电离电磁辐射为切入点，通过举办专家讲座、展板区设置交互式触控电脑、影像播放电磁电离科普纪录片、城市放射性废物库内实体放射源展览等各类手段向广大社会群众、大中专院校学生等宣传电离辐射、电磁辐射的基本知识和辐射损失效应以及辐射安全防护措施等，以期做到科普内容浅显易懂并能提高民众参与科普宣传的积极性。同时，向广大人民群众介绍宣传输变电线路、变电站、移动通信基站的电磁辐射知识，医院 X 射线体检、介入治疗、肿瘤放疗等对人体产生的辐射效应，我国高科技核武器的产生和发展等知识。

46. 西华师范大学

西华师范大学是四川省人民政府举办的全日制重点师范大学，坐落在历史文化名城——南充。其科普基地筹建于 2010 年 9 月，现有专兼职教师 10 名，其中教授 3 人、副教授 3 人、讲师 4 人；有来自西华师范大学环境教育协会的志愿者 100 余名。建有污染防治、生物标本、地理标本、垃圾分类银行、大气灰霾监测超级站、环境教育与科普馆 6 个校内环保考察点和环境监测、污水处理、垃圾焚烧、生态农业 4 个校外环保考察点。

基地筹建于 2010 年 9 月，依托于环境科学与工程、化学化工、生命科学和国土资源 4 个学院，2013 年 1 月被南充市环保局命名为"南充市环境教育基地"，2016 年 1 月被四川省环保厅、四川省教育厅命名为"四川省中小学环境教育社会实践基地"，2016 年 11 月加入联合国环境规划署"全球环境与可持续发展大学联盟"（GUPES）。

47. 中国科学院新疆生态与地理研究所生物标本馆

中国科学院新疆生态与地理研究所生物标本馆（包括吐鲁番沙漠植物园标本室）地处乌鲁木齐市，是一个具有内陆荒漠干旱区区域特色，涉及生态学和地理学两大学科，集相关基础研究、标本保藏与科普教育于一体的多功能科学博物馆，开展以新疆为代表的中国内陆干旱区生物和土壤标本的采集、馆藏，是我国西北地区馆藏标本种类、数量最多的综合性标本馆之一，在国际、国内均具有典型的区域代表性。标本馆科普展厅面积 2 600 m^2，展出面积近 2 000 m^2。该标本馆为国家 AA 级旅游景区，10 余年坚持免费开放，每年承担新疆 50%以上各类国际客人来访任务，年平均接待中小学生和社会公众近 4 万人次。每年的科技活动周和全国科普日都开展不同的大型主题展览活动。

48. 中国科学院西双版纳热带植物园

中国科学院西双版纳热带植物园于 1959 年在著名植物学家蔡希陶教授领导下创建，是目前我国最大和保存物种最多的植物园。在 1 100 hm^2 的园地上，保存着大片的热带

149

雨林,有引自国内外约 13 800 种热带、亚热带植物,分布在棕榈园、榕树园、龙血树园、苏铁园、民族文化植物区、稀有濒危植物迁地保护区等 42 个专类园区,是集热带科学研究、物种保存、科普教育于一体的综合性植物园。

作为云南省和国家级的科普教育基地,拥有中国科学院唯一一支十余人组成的科普教育专业团队和以几十位生态学、植物学领域的专家、近 200 位硕士、博士研究生为主的科普志愿者队伍。十分重视向公众传播植物学、生态学等科普知识,利用园地蕴含的丰富科普资源,多形式、多手段长期策划组织开展内容丰富的"以学习者为中心"的环保科普活动,开创了四大环保科普活动品牌:绿岛历奇、大手拉小手、秘密花园和植物与艺术。

49. 云南省环境科学研究院花红洞实验基地

云南省环境科学研究院花红洞实验基地位于云南省昆明市西山区团结乡花红洞村区域,海拔 2 112~2 147 m,总面积约 5 hm^2,1989 年开始建设,目前由云南省环境科学研究院管理。

截至 2016 年,基地共有植物种类 521 种,其中蕨类植物 29 种、裸子植物 42 种、被子植物 450 种。引种的植物有 246 种,占基地植物种类的近 50%。本地物种常见的有云南松、华山松、云南含笑、矮杨梅等，引种的植物数量比较多的有巧家五针松、喜马拉雅红豆杉、苏铁、红花木莲、珙桐等。

目前基地保存有国家或省级重点保护植物 53 种，保存的国家重点保护植物占全省分布总数的 30%。国家一级重点保护植物 16 种 1 200 余株（丛），种类有多歧苏铁、华盖木、珙桐、莼菜等，国家二级重点保护植物 30 种 900 余株（丛），种类有翠柏、福建柏、大果木莲、云南拟单性木兰等，云南省省级重点保护植物有 7 种 150 余株（丛）。

D. 教育培训类

50. 广州市中学生劳动技术学校

广州市中学生劳动技术学校直属于广州市教育局，坐落在金沙洲岛广佛交界的南海黄岐泌冲，毗邻广州市环城高速浔峰洲出口和广佛高速沙贝、泌冲两大出口，校园占地30万 m²，绿化率高达70%，是一个山清水秀、花繁林茂、环境优美的"闹市桃源"。

学校创办于 1983 年，目前以广州市高中学生的劳动技术教育、初中学生的人民防空教育为主，兼有青少年的国防教育（军训、人防教育）、法制教育、禁毒教育、科普教育、安全教育（消防安全、防震减灾、交通安全、应急避险）、环境教育、中小学师生培训交流等多种功能。学校教学和生活设施完善，每年接待 7 万～8 万人次的中小学生来校开展各类综合实践活动，成了广州市一个别具特色、多功能的青少年综合实践活动示范基地和展示素质教育成果的重要窗口。

学校设有多个多功能教室、室内科普场馆、室外训练场、拓展活动场、多个种植与养殖场、多媒体会议室、卡拉 OK 室、师生宿舍和饭堂等，每天可同时接待 1 500 名学生进行各种课程教育和培训活动。2011 年正式对外开放的科普教学楼内设有农业科普馆、环境教育馆、防震减灾科普馆、交通安全教育馆等，以体验和互动为特色，内容丰富、设备先进、形式活泼，受到前来体验的师生和家长的热烈欢迎。

51. 南通市中小学生素质教育实践基地

南通市中小学生素质教育实践基地（江苏省南通未成年人社会实践基地，以下简称基地）位于江苏省小洋口旅游度假区金蛤大道，是一所由省文明办重点扶持的省级未成年人社会实践基地，也是南通市唯一的市级公办基地，以规模大、队伍强、设施全、运行佳著称，全国知名。

基地环境幽雅，交通便利，紧邻南黄海，周边有万亩滩涂、国家级中心渔港、国际风筝放飞场、亚洲最大的风电场等得天独厚的社会教育资源，以及海上迪斯科、国际风筝节、跳马伕（列入第三批国家非遗名录）等全国知名文体品牌。基地所在地是全国海鲜之乡，是全球迁徙、濒临灭绝的小精灵——勺嘴鹬的重要栖息地，这里春秋两季会吸引世界自然基金会和国内外观鸟协会的环保志愿者、生态导游及游客数十万人前来参与海鸟保育、生态保护、教育培训和观鸟旅游等活动。

基地建设力求数字化、生态型，现建有大型风雨操场、巨型电子屏及由环境教育、廉洁教育、防震减灾、消防人防、交通安全、文明感恩、税法教育、反邪教等八个主题教育场馆构成的法纪教育活动中心，配有海鸟保育、海韵陶吧、雅趣钓吧、海水探秘、海鲜烹饪、趣味烧烤、贝壳工艺、航模制作、南通风筝、金工木工、模拟驾驶等 20 多个专用活动室，以及泛舟湖、田径场、心理拓展区、真人镭战区、湖畔农艺场等多个配套室外活动场所。拥有满足 2 000 名师生同时入住、全天候供应温泉水的师生公寓（每间均安有空调、独立洗漱间和厕所），满负荷年接待量可达 8 万人次。

52. 上海市青少年校外活动营地——东方绿舟

上海市青少年校外活动营地——东方绿舟位于上海市西南，毗邻淀山湖，占地 5 600

亩，水上活动面积 2 000 亩。这里水域浩淼、植被苍翠、风光旖旎。优美的生态环境、丰富的自然资源和现代化的环保科普教育设施，为开展环境教育提供了硬件条件；科学的教育理念和各省市、国家间的沟通交流，为普及环保科普知识提供了软件条件。

近年来，东方绿舟平均每年接待接受素质教育的学生 10 万人，凡上海市高一年级的学生都要在此接受素质教育训练；平均每年接待其他青少年校外活动 20 万人次，平均每年接待市民游园 60 万人次。庞大的素质教育受体，为东方绿舟开展环保科普教育提供了良好的舞台和广阔的前景。

53. 大连沙河口区中小学生科技中心

辽宁省大连市沙河口区中小学生科技中心位于大连市沙河口区西南路 726 号，占地面积 7 800 m²，建筑面积 5 901 m²。成立于 2007 年 10 月，由一所中学改建而成。

多年来，科技中心不断开拓进取，创新发展，先后荣获全国优秀科普教育基地、全国综合实践活动先进实验基地等国家级荣誉十余项、辽宁省教育系统校外场所示范单位等省市级荣誉 30 余项。每年到中心参观体验的学生及居民达 12 万人次，最大限度地发挥了综合实践活动基地的辐射引领作用。中央电视台、辽宁电视台、《大连日报》等新闻媒体对中心进行了 500 余次的宣传报道，社会反响非常好。

　　中心自行开发了模型制作、手工电子、实验发明、现代信息、头脑思维、天文气象八大类别的探究体验式必修和选修课程，形成了体验与感悟、科普设计与制作、科学研究与探索三大模块，涵盖了人与自然、人与社会、人与自我三大领域；在自主开发活动课程的同时，科技中心非常重视品牌活动课程建设，先后打造出气象、环保、消防、国防、海洋科学、交通安全教育、机器人等一批颇具影响的品牌活动课程，截至目前共有八大类别 45 项活动课程，从幼儿园到中小学及成人教育，基本形成具有特色的课程体系，做到了活动课程化，课程特色化。

E. 企业类

54. 北京排水科普展览馆

北京排水科普展览馆是一座以宣传"水污染治理、水环境保护、水资源开发"知识为主要内容的科普展览馆，由北京城市排水集团有限责任公司自筹资金建设和运营。自2005年投入运营以来，该馆充分利用自身资源优势，积极开展了多种形式的水环境保护知识普及和环保教育活动，收到了较好的社会效益。

集团自筹资金在北京高碑店污水处理厂院内建成了国内首家以水污染治理、水资源开发和水环境保护为主题的科普展览馆，实现了北京城市排水集团"开辟一个普及环保知识、开展环保教育的理想场所"的目的。

排水科普展览主要包括：科普展览馆，以图文并茂的展墙为主，兼有模型沙盘、DV视频、触摸电脑、互动游戏等展教设备，是普及知识、开展教育的综合性场馆，面积1 500 m²；科普影视厅，以科普片《污水处理工艺》和动画片《小水滴奇遇记》为主，向参观者介绍污水处理工艺常识和保护水资源的意义。北京排水科普展览内容独具特色、展教形式新颖、科普味道浓厚。通过参观讲解，大家直接了解了地球的水资源丰富而可利用的淡水资源很少；中国水资源匮乏而水污染日益严重；污水可以得到有效治理但费用昂贵；污水经过处理可以变成再生资源且用途广泛；北京市政府治理水污染成效显著；保护水环境、爱护水资源是全体公民的责任和义务等。

55. 北京固废物流有限公司"垃圾的归宿"环保科普公园

"垃圾的归宿"环保科普公园建成于2010年8月，是北京固废物流有限公司依托小武基大型固废分选转运站和北神树卫生填埋场建立的开放式的城市垃圾综合处理科普教育基地。它以"跟随垃圾去旅行"为主题，通过科学、生动的科普传播方式，面向社会各界，系统地展现现代城市垃圾综合处理的理念、知识、技术工艺；结合实地参观和体验互动活动，使参观者直观、深刻地认识到垃圾减量化、无害化、资源化处理的必要性，提升社会各界的环保意识，营造人人参与环保的良好氛围。

其中，小武基大型固废分选转运站于 1997 年建成投产，占地面积 20 160 m²，主要服务于北京市东城区和朝阳区南半部约 200 km² 的区域，日处理生活垃圾 2 000 余 t，是北京市东南部地区生活垃圾综合处理设施的龙头和核心。

56. 北京奥林匹克森林公园

北京奥林匹克森林公园是一座新型的城市公园，以人文奥运、科技奥运、绿色奥运为建设理念，以自然野趣生境和生态森林公园为建设目标，在建设中合理应用众多先进生态技术。

北京奥林匹克森林公园位于北京中轴延长线的最北端，是亚洲最大的城市绿化景观，占地约 680 hm²，是一个比圆明园和颐和园加在一起都要大的公园。于 2003 年开始建设，2008 年 7 月 3 日正式落成。北五环路横穿公园中部，将公园分为南北两园，中间有一座横跨五环路、种满植物的生态桥连接。南园以大型自然山水景观为主，北园则以小型溪涧景观及自然野趣密林为主，是北京城区当之无愧的"绿肺"。森林公园里最著名的景观是"仰山"和"奥海"。"仰山"为公园的主峰，与北京城中轴线上的"景山"名称相呼应，暗合了《诗经》中"高山仰止，景行行止"的诗句，并联合构成"景仰"一词，非常符合中国传统文化对称、平衡、和谐的意蕴。而公园的主湖称"奥海"，一是借北京传统地名中的湖泊多以"海"为名，二是借"奥林匹克"之"奥"字，既有奥秘、奥妙之意，又有奥运之海之妙。"仰山""奥海"，意为"山高水长"，寓指奥运精神长存不息，中国文化传统发扬光大。

57. 汉能清洁能源展示中心

汉能清洁能源展示中心于 2015 年 5 月 20 日开馆，坐落于北京奥林匹克森林公园北园，占地面积 7 119 m²，展示面积超过 1 100 m²，是全球首个以太阳为主线、以清洁能源为主题的专业展馆。全馆内设 8 个展厅及 1 个影院，依次展示能源变革历史、中国清洁能源的成就与优势、太阳能技术与应用以及未来的智能电网。

特色：节能环保。这是一个全太阳能动力的绿色建筑。整个展馆采用了汉能薄膜发电建筑一体化（BIPV）技术和智能微网管理系统，实现了全部用电自给自足，多余的电量还可以供公园使用。开馆两年以来，共节省电费约为 56 万元，其中来自国家补贴的电费约为 16 万元，减少二氧化碳排放量 400 余 t。这也是汉能集团发展薄膜太阳能技术的主要原因。薄膜太阳能技术属于零污染、零排放的技术，从全生命周期角度来说，耗能少也是薄膜太阳能的一大优势，每生产 1 W 光伏组件，晶硅需要 2～3 年将消耗的能源补充回来，而薄膜只需要 1～1.5 年即可，能量回收期短。

发展愿景：成为北京市的一张环保名片，通过影响力的辐射提高公众对清洁能源的认知度和环保意识，促进行业交流与发展。

58. 重庆丰盛环保发电有限公司

重庆丰盛环保发电有限公司隶属重庆三峰环境产业集团有限公司,坐落于巴南区丰盛镇,占地面积约 248 亩,是目前西南地区最大的垃圾焚烧发电厂。重庆丰盛环保发电有限公司每天额定处理生活垃圾 2 400 t,能够生产出清洁电能约 100 万 kW·h,除了工厂自用,还可以满足 20 余万户城镇家庭的日常用电需求。

基地集影片放映、展厅展示、现场参观三种方式于一体,通过《垃圾发电环保之旅》动画科普片以及《三峰环境企业宣传片》介绍垃圾发电的主要工艺流程及重庆三峰环境产业集团有限公司;通过科技展厅互动参观深化垃圾分类、垃圾发电相关知识;通过丰盛垃圾焚烧发电厂生产现场参加,实地体验现代化垃圾焚烧发电厂高效环保的生产工艺。现面向市民免费开放,深受来宾好评。来丰盛参观环保教育基地,已经成为重庆市工业旅游的特色和亮点。

59. 兰州市节能减排环境治理成果展示厅

兰州市节能减排环境治理成果展示厅归属兰州环境能源交易中心,后者是兰州市人民政府为进一步贯彻中央、省、市三级政府节能环保工作指示精神,以“政府主导、市场化运作”模式,批准设立的集各类环境权益交易服务于一体的专业化平台,是兰州市为打造治污长效机制成立的运用经济杠杆提高减排效能的环境资源交易平台。主要服务于兰州市大气污染治理市场机制建设、节能减排财政政策综合示范城市体制机制创新和低碳城市发展能力建设，在排污权交易、节能量交易、水权交易、绿色金融、低碳转型咨询服务等领域进行了大量的创新探索，积极参与国内多层次的环境权益市场建设、开展合作交流，为传播低碳发展理念、推进市场机制建设，做出了独特的贡献。

兰州市节能减排环境治理成果展示厅以服务兰州市节能减排综合示范能力建设和环境治理市场机制创新为导向，坚持应用性和创新性并重，以"政府引导、创新发展、市场化运作"为原则，目前已经成为兰州市大气污染治理成果展示窗口、环境治理市场机制交易体系（排污权交易、移动源排污权交易、节能量交易、水权交易试点）宣传平台、节能减排体制机制创新展示平台、由治污向低碳城市转型升级的推广平台以及面向社会和公众的环保科普学习和能力建设的教育基地。2016 年 5 月，兰州市市委宣传部授予展示厅"爱国主义教育基地"称号。

60. 广州市第一资源热力电厂

广州市第一资源热力电厂由广州环保投资集团有限公司运营，一分厂于 2006 年 1 月投产，日处理生活垃圾 1 040 t，荣获 2009 年度"全国市政金杯示范工程""广东省市政优良样板工程"称号，并通过住建部 2012 年城市生活垃圾焚烧厂无害化等级评定，被评为 AAA 级别，全国仅有五个项目获此殊荣。二分厂于 2013 年 7 月开始运营，日处理生活垃圾 2 250 t，2014 年被广东省环保厅评为广东省环境教育基地，2015 年荣获住建部 2014 年中国环境人居范例奖。

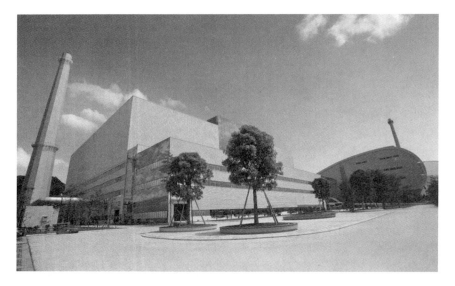

广州环保投资集团以现有运营项目为依托，倾全力打造面向全社会的集工业旅游、固体废物处理科普、环保教育、公益活动场所于一体的固体废物处理及环保教育科普基地，分别在广州市第一资源热力电厂和广州市兴丰生活垃圾卫生填埋场专门开辟了总面积为 3 000 多 m² 的展厅，采用生产流程和科普教育相结合的方式，让参观者由浅入深、身临其境地体验和学习，效果良好。其花园式的厂区环境、良好的运营管理水平获得各级领导和社会各界的一致好评，2014 年全年接待参观约 38 000 多人次，并承接了大量的政府及社会公益宣传工作。

61. 美丽南方

美丽南方位于广西南宁市西乡塘区美丽南方景区——南宁市邕江北岸石埠半岛，自然风光优美，历史文化悠久。从 2013 年 10 月起，西乡塘区以"美丽南方·五彩忠良"的景区形象定位，将其打造成南宁市近郊生态乡村旅游的首选地。美丽南方分为室内环保科普展示场所、农村生态环境整治成果展示区、景观区 3 个部分。

生态环境科普教育馆位于美丽南方忠良村一队，总用地面积 5 905.04 m²，总建筑面积 1 750.49 m²，通过"地球家园""美丽广西""绿城南宁""绿色行动"4 个展区全面生动地展示环保概念和环保节能技术，向参观者全面展示"绿色环保"概念。

景观区集生态观光农业、自然景观、文物古迹、休闲娱乐于一体，目前已建成历史留痕展区、农具展示区、百果园采摘区、千亩玫瑰园、草莓园、葡萄园、多功能停车场等公共服务设施和娱乐项目，景观区内建有石埠堤沿岸生态农业景观长廊，如石埠灵湾生态菜园，严格按照无公害农产品生产标准进行生产，形成了以忠良为核心，辐射和安、乐洲的具有农业生态旅游观光特点的"美丽南方"景区。

62. 中原环保股份有限公司五龙口水务分公司

中原环保股份有限公司五龙口水务分公司是郑州市"十五"重点工程之一，是郑州市兴建的第二座城市污水处理厂，占地 23 hm²，设计日处理能力 20 万 t，服务面积约77 km²，服务人口 88 万。

作为中小学环境教育基地，五龙口水务分公司拥有一支专业知识强、实践经验丰富的高素质讲解员队伍，并充分发挥自身优势，每年定期举办"环保体验日""市民看市政"等环保科普教育活动，全年共接待学生、市民和其他社会各界人士近 1 万人次，广泛地向社会传播生态文明理念，营造浓厚的环保教育氛围。

在保证生产的同时，五龙口水务分公司积极发挥环保基地作用，践行企业社会责任，获得了生态环境部门的认可，并被授予"全国中小学环境教育社会实践基地""河南省环境教育基地""郑州市科普教育基地"等荣誉。

63. 文昌-太平污水处理厂

文昌-太平污水处理厂隶属于龙江环保集团股份有限公司，集团业务范围涵盖污水处理、污泥处置、城镇供水、中水回用、再生资源开发利用等水务及环保领域，是集投资、建设和运营于一体的大型专业化环保企业。

文昌-太平污水处理厂是黑龙江省最大的污水处理厂，其日处理污水量可达 65 万 t，占哈尔滨市污水总排放量的 45%，总占地面积近 745 000 m^2，其中室内场馆 36 000 m^2，室内安装有各种先进的国内外污水处理设备设施，包括瑞典公司的脱水机、韩国的鼓风机、加拿大的紫外消毒设施、美国的在线仪表等；室外 708 000 m^2，均为大型污水处理构筑物；同时拥有总面积达 1 000 m^2 的多媒体报告厅、远程视频会议室等，能够快速地进行最新技术信息的交流与共享。

　　文昌-太平污水处理厂具有与国民经济紧密相关的行业背景，拥有大量专业研发人才，科研成果，服务于行业所需的实验、研发平台等资源，同时具有开展科普研究、创作以及实施科普活动的独特优势。受众通过参观、互动体验、动手操作等形式多样的科普活动，能够了解污水处理工艺流程，提高科学素养，培养节约资源的环保意识。

64. 中国盐城环保科技城

　　江苏盐城环保科技城原名江苏盐城环保产业园，成立于 2009 年 4 月，紧邻江苏两大世界级生态湿地保护区——丹顶鹤自然保护区和麋鹿自然保护区，规划面积 50 km²，建成区面积 15 km²，是江苏省唯一一个以环保产业命名的省级高新技术产业开发区。以大气污染环境治理为特色产业，先后获得"国家环保产业集聚区""国家雾霾治理研发与产业化基地""国家新型工业化产业示范基地"等 29 项省级以上荣誉，已成为全国环保产业发展的先行区，在业内享有"中国烟气治理之都"的美誉。

以"科技为先、产业兴城"的发展思路，盐城环保科技城主攻烟气治理、水处理、固体废物综合利用和新型材料等优势领域，现集聚了主板和创业板上市公司 24 家、规模以上企业 118 家，拥有 BOT、EPC 工程总承包能力的企业达 37 家，承建了中国水泥、玻璃、电力、盐化工、烟草等行业第一个脱硝工程，在全国电力、水泥和玻璃行业脱硫脱硝工程市场占有率分别达 19.2%、41% 和 90%。建有江苏省环保科技展览馆和低碳示范体验社区，以及环保实验学校和环保职业技术学院等职业教育机构。下一步将全面提高自主创新能力，不断深化体制机制改革，加快推进转型升级步伐，力争发展成为环保装备制造业发达、环境服务业繁荣的千亿级环保特色产业基地。

65. 光大环保能源（苏州）有限公司

苏州生活垃圾焚烧电厂坐落于苏州光大国家静脉产业示范园核心区内，苏州生活垃圾焚烧发电项目一期工程于 2006 年建成投运，迈出了苏州生活垃圾减量化、资源化、无害化处理的重要步伐；2009 年，垃圾焚烧发电项目二期工程项目的建成投运，形成了苏州市"以焚烧为主、填埋为辅"的生活垃圾终端处置格局。为保障生活垃圾焚烧厂安全稳定运行，苏州市政府从源头强化管理，建立了一套科学的管理体系，政府成立苏州市固体废物处置监管中心，通过严格监管、合理调度与全面采用压缩式中转运输设备等

措施，有效提高了生活垃圾处置质量（降低含水率、提高热值）；同时通过实时在线监测系统，对焚烧厂内垃圾处理全过程视频监控、环保排放指标在线检测，保障垃圾焚烧处理的安全、有效运行。为了提高垃圾焚烧的效率、保障周边环境的安全，苏州市生活垃圾焚烧发电厂也在国内率先采取了一系列措施提高运行效率，提高环保排放标准，对垃圾焚烧"一进四出"进行了安全有效的利用和处理。通过技术改造，增加投资 2 400 万元，于 2010 年年底烟气排放指标已经全部执行欧盟 2000 标准，是国内首个达到该标准的生活垃圾焚烧发电企业，在国内起到了良好的示范性作用。从 2011 年开始，市政府每年委托权威机构对焚烧厂水、气等排放指标不定时抽检、监控，该生活垃圾焚烧电厂将排放指标与生态环境部门在线联网并挂牌公示，主动接受政府和公众监督。

66. 光大环保能源（南京）有限公司

光大环保能源（南京）有限公司位于南京市江宁区江南环保产业园内，是环保产业园的核心企业。公司由中国光大国际有限公司全资组建，负责南京江南环保产业园生活垃圾焚烧厂项目的具体建设和运营管理，公司是以处理南京市城市生活垃圾为主业的资源综合利用环保企业，注册资本为 6.5 亿元人民币。南京市江南环保产业园生活垃圾焚

烧厂项目总建设规模为日处理生活垃圾 4 000 t，占地 260 亩，总投资约 20 亿元。项目分两期建设（每期 2 000t/d），一期项目于 2014 年 6 月建成投产，扩建项目于 2017 年 3 月建成投产。截至 2017 年 4 月，项目已为南京市主城区处理生活垃圾约 260 万 t，发电量约 9.6 亿 kW·h。

为直观形象地向参观者展示垃圾焚烧发电项目生产情况、普及环保知识，公司先后投入 200 多万元，精心设计和打造了专门的参观通道。办公楼外墙上及公司大门右侧设有一块约 12 m² 的电子大屏，用于公示烟气排放指标和炉温。展示形式包括宣传片、展板、游戏、实物展品等，展示内容包括静脉产业园、生活垃圾焚烧发电、项目建设历程、公司发展历程、公司文化等。通过设备走廊可以更好地看到垃圾焚烧的核心设备、炉排的工作状态，满足参观者的探求欲与好奇心。

67. 扬州凤凰岛生态旅游区

扬州凤凰岛生态旅游区位于江苏省扬州市广陵区泰安镇凤凰岛生态旅游区，于 2003 年成立，由扬州市旅游局原副局长离岗创业而创建，2006 年扬州凤凰岛生态旅游区已建设成为全国首批国家级农业旅游示范点、国家 AAA 级旅游景区和江苏省省级森林公园、江苏省省级农业观光园，对当地的经济发展起到了很大的促进作用。

扬州凤凰岛生态旅游区坐落于古城扬州、京杭大运河畔，是一个以展示湿地生态保育和世界文化遗产地保护为主题的综合性生态旅游区，极具历史文化特色和环境保护特色。旅游参观区内已建成水滴造型的湿地科普馆、京杭大运河湿地景观栈道、以"蜜蜂，环境的哨兵！"为主题的蜜蜂博物馆、生物多样性示范观测站点等集大运河观光、自然野趣、科普教育于一体的综合体验区。展示区还通过湿地动植物标本、VR 虚拟现实技术和生物多样性监测科学实验参与式互动等多样化形式，为公众提供全方位的环保科普体验。

扬州凤凰岛生态旅游区致力于保护好江淮平原上自然生态环境保持完好的平原-湖泊类型的湿地活标本，在扬州生态科技新城生态板块范围内，结合生态规划和城乡建设的要求，以生态保护和湿地自然观光为主题，打造环保科普、文化与生态产品的平台，打造生态旅游文化国际交流的展示窗口，使扬州凤凰岛生态旅游区成为水网纵横、环境优美、人与自然和谐、环保文化与运河文化相融合的新型城镇和城乡一体化生态文明建设示范区。

68. 江西君子谷野生水果世界

江西君子谷野生水果世界位于江西省赣州市崇义县，由野果保护区、野果种质资源圃、野生刺葡萄选优品系生态种植园、农产品深加工工厂（生态食品厂和野果酒庄）、农民学校、生物科技中心等组成，面积 5 580 多亩，核心区面积 3 800 亩，距崇义县城 26 km。

20 年来，君子谷在生态环境保护和生态生产上的历程，可以总结为三个阶段，即植物种质资源保存（建设野果保护区）阶段、资源整理（建设专类植物种质资源圃）阶段、种质资源利用（进行深加工及植物品种选优、选育）阶段。截至目前，君子谷已成为集生态资源保护、现代生态农业、生态科普旅游于一体的现代农业生态示范园，成为第一产业、第二产业、第三产业融合发展的结合体。

君子谷环保科普特色鲜明，典型性强，并体现了四大特色：生态（环保）保护与生物多样性；生态（环保）保护与生态科研相结合；"人与自然和谐共处"的理念；"生态（环保）保护与生态生产相结合"成果。

169

君子谷野果资源圃部分野果图片撷选

69．蒙草·草博园

内蒙古蒙草生态环境（集团）股份有限公司，是一家以草为业的上市公司，以驯化乡土植物进行生态修复为核心，是中国草原生态修复的引领者。立足"草、草原草产业"，业务聚焦三大产业线：生态修复、种业科技、现代草业。

蒙草·草博园是国家 AAA 级旅游景区，坐落于内蒙古和林格尔新区，北接新区直通呼和浩特市的金盛路，南通和林格尔县，西临 209 国道，交通便利。景区涵盖草原乡土植物馆、青少年植物生态科普园、野花谷、百合园、芍药园、小草之家、蒙草学院、土壤样本库、种质资源圃、草原生态大数据平台展示区等景点，并配套有创客中心、生

态餐厅、影视报告厅、停车场、游客接待中心、旅游生态厕所等,总占地面积为 960 亩,其中室内展厅 10 800 m²。景区四季有景,三季有花,其中设置的研学旅游项目和景点可满足周边青少年的参观需求,来自全国各地的生态植物研发方面的科研人员也来此考察,景区全年免费开放,年接待参观量达 8 万余人次,对当地旅游经济发展、科学交流起了重要的推进作用。

70. 皇明太阳能股份有限公司

皇明"中国太阳谷"是集产、学、研于一体太阳能产业平台,正在日益成为可再生能源世界级制造物流、研发检测、科普教育、国际会议交流、观光旅游五大中心,将成

为世界上最大的太阳能产业聚集地。凭借现有的优势，皇明太阳能股份有限公司所在的山东省德州市，击败来自美国、日本、意大利的竞争对手，成功申办 2010 年世界太阳城大会。德州成为世界可再生能源"洛桑"的梦想将成为现实。

"中国太阳谷"是目前世界上最大的太阳能高科技孵化器，还是国家 AAAA 级低碳旅游景区，拥有近万亩的森林氧吧、生态湿地公园、太阳能图腾阵、天地温泉、太阳能主题酒店、太阳能水景主题公园。

71. 山东核电科技馆

山东核电科技馆于 2014 年 8 月 6 日正式面向公众开放。科技馆总建筑面积约为 4 185 m²，地上三层。建筑物外观形似蚌壳，蚌形屋顶打开一个洞口，象征着核电作为国家支持的新兴能源，突破传统石油能源的束缚破茧而出。

山东核电科技馆是面向公众尤其是青少年群体系统性地宣传和介绍核能及其应用的科技馆，除每周一外全年向公众开放（周一逢节假日也正常开放），全年实施免费参观、免费讲解等服务措施。该馆设计有"人类与能源""神奇的核能""走进核电站""未来能源之路"四大主题展区，共 51 个展项。

山东核电科技馆利用多媒体、互动投影、全息成像等现代高科技手段，通过实物模型、多媒体游戏、互动参与等展示形式，将科学性与趣味性、教育功能与休闲娱乐融为一体，让公众在轻松愉快的环境中探索核能的奥秘，了解核电原理，认识核电的安全性、情节性和经济性。其中，"漫游核电站""搭建核电站""非能动试验装置""能源改变世界""我来当核电站操纵员"等展项，采用真实试验或模拟仿真的方式，从核电的安全、清洁、高效等方面阐述核电是当前解决能源危机与环境问题的有效途径之一；并通过"认识元素和身边的放射性""核燃料组件模型""核安全与辐射防护"等全息投影及实体模型展项等开展核能与核电科普宣传教育，消除公众对核电安全的疑虑。

72. 苏州河梦清园环保主题公园

梦清园位于上海市普陀区苏州河南岸、宜昌路以北、昌化路以西、江宁路桥东侧。三面临水，占地面积 8.6 hm^2。2004 年 7 月建成开园，2005 年 6 月梦清馆正式对外开放，2008 年 6 月提升改造为梦清园环保主题公园，是苏州河环境综合整治中集园林绿化、科普教育场馆、水环境整治工程措施等内容于一体的大型综合性和公益性项目。集中体现了上海"以人为本"建设生态城市的科学发展观，表达了上海人民期待苏州河早日变清的强烈愿望。

梦清馆是由苏州河展示中心利用原上海啤酒厂灌装楼的 1～3 层改建而成，展区面积约 3 200 m^2。整个展览实现中英文双语对照，通过实物、模型、图片、影视、多媒体、互动体验、操作演示和讲解等诸多方式展现了苏州河的历史，展示了苏州河的历史变迁和治理过程，是上海市唯一的以苏州河整治为内容、向市民免费开放以宣传环保、保护水资源的大型主题展馆。展馆以苏州河为依托、梦清园为基地，利用现有人员和先进的设施设备,积极面向全社会开展水环境保护教育和宣传,在国内外已经有一定的知名度和良好的社会影响。改造后的展示馆运用了适合互动参与的展示技术和方式、模型切换的多媒体剧场、大型镜面的互动演播、超长多热区影像系统、三维演示,增强了科普性、形象性和娱乐性。

73. 上海新金桥环保有限公司

上海金桥(集团)有限公司(原上海金桥出口加工区开发股份有限公司)成立于1990年9月,是承担国家级开发区——上海金桥经济技术开发区开发建设任务的国有独资企业。国家环境保护废弃电器电子产品回收信息化与处置工程技术中心依托上海金桥(集团)有限公司及下属全资子公司上海新金桥环保有限公司建设和运营。中心以废弃电器电子产品回收信息化示范工程和处理处置与资源化示范工程为核心,通过开展废弃电子产品回收、拆解、破碎、分选、利用等技术的研发,不断深化发挥中心公共服务平台的社会功能和行业示范作用。

中心展示的内容为电子废弃物回收信息化与无害化处理技术和科学知识，包括智能回收箱的展示与体验、信息化回收体系以及废弃电器电子产品处理流水线展示，让公众了解到电子废弃物的危害性和资源再利用的必要性，向公众展示了电子废物信息化回收技术以及处理处置现状和技术。展示形式多样、内容丰富，具有知识性、科技性、参与性等特色。中心在环保科普教育上始终走"请进来，走出去"模式，除了场馆内丰富的展示内容，每年在全上海的社区、企业、学校、政府机关等都会举办各类活动。

74．什邡大爱感恩环保科技有限公司

什邡大爱感恩环保科技有限公司成立于 2010 年，是一家集人文、环保、教育、回收、处理、再生及深加工于一体的综合环保科技公司，不以营利为目的，期望结合领先国际的资源回收利用技术和多年从事节能减排及环保促进的经验，全面开展环保教育和环保事业的推广。

公司秉持"融入文明生活""促进和谐社会""与地球共生息"的宗旨，倡导文明、节约、绿色、低碳及清净在源头的理念，全力推动环境友好绿色生活，以实际行动爱护地球、珍惜资源。

整个园区占地面积 261 亩，规划为城市矿产示范基地、循环经济示范基地及环保教育示范基地三大板块。通过对废弃电器电子产品的回收、分类、无公害化拆解及处理，将危险废物合理分解利用，避免二次污染，提高废旧物质的加工利用率以获取再生资源，减少原生资源使用。

该公司秉持"环保精质化　清净在源头"的理念，结合环保志工殷勤守护大地的行动，导入环保理念于生产，利用回收资源为原料，如以回收塑料瓶生产环保再生织品，开启塑料瓶的再生循环，赋予新生命，不但减少地球资源的开采，也解决大量塑料资源的回收问题。经由环保回收与科技研发，大地资源可以不断地还原、再生，让物命生生不息。

75. 成都市祥福生活垃圾焚烧发电厂

成都市祥福生活垃圾焚烧发电厂由成都中节能再生能源有限公司负责投资、建设、营运，于 2010 年 9 月开工，2012 年 11 月建成，投产项目日处理生活垃圾 1 800 t，年处理生活垃圾 65 万 t。项目引进三套国外先进的炉排炉垃圾焚烧工艺及设备、引进国外先进的烟气处理技术及设备，烟气排放指标达到欧盟 2000 标准。

焚烧厂专门设立了 1 个 200 m² 的环保展示厅，并在环保展示厅内分别针对厂区外部模式、生产流程模型、垃圾燃烧产物制作了 3 个展示台，以供来访人员立体直观地了解公司的工艺及环保理念。公司精心打造了 3 面展示墙，包含垃圾发电厂分布图、企业大事件时间轴介绍、上级公司介绍以及其他类似节能公司介绍、企业文化及员工风采墙等内容。作为示范型环保发电厂，公司利用 2 个多媒体屏幕，滚动播放为本公司量身打造的企业宣传片、宣传动漫。